教科書ぴったりトレーニング　算数 4年

JN033379

いつも見えるところに、この「がんばり表」をはっておこう。
この「ぴたトレ」を学習したら、シールをはろう！
どこまでがんばったかわかるよ。

なまえ

すきななまえを
つけてね！

ぴた犬
（おとも犬）
シールを
はろう

シールの中からすきなぴた犬をえらぼう。

2. 折れ線グラフと表
❶ 折れ線グラフ
❷ 整理のしかた

1. 大きい数のしくみ
❶ 大きい数のしくみ
❷ 10倍した数、$\frac{1}{10}$ にした数
❸ かけ算

スタート

16〜17ページ ぴったり12
できたらシールをはろう

14〜15ページ ぴったり3
できたらシールをはろう

12〜13ページ ぴったり12
できたらシールをはろう

10〜11ページ ぴったり12
できたらシールをはろう

8〜9ページ ぴったり3
できたらシールをはろう

6〜7ページ ぴったり12
できたらシールをはろう

4〜5ページ ぴったり12
できたらシールをはろう

2〜3ページ ぴったり12
できたらシールをはろう

●倍の見方

7. がい数の表し方と使い方
❶ およその数の表し方
❷ がい数を使った計算

活用 算数で読みとこう

52〜53ページ ぴったり3
できたらシールをはろう

54〜55ページ ぴったり12
できたらシールをはろう

56〜57ページ ぴったり12
できたらシールをはろう

58〜59ページ ぴったり12
できたらシールをはろう

60〜61ページ ぴったり12
できたらシールをはろう

62〜63ページ ぴったり12
できたらシールをはろう

64〜65ページ ぴったり3
できたらシールをはろう

66〜67ページ
できたらシールをはろう

直、平行と四角形
❶ の交わり方
❷ のならび方
❸ いろな四角形
❹ 対角線と四角形の特ちょう

8. 計算のきまり
❶ 計算の順じょ
❷ 計算のきまりとくふう

★プログラミングを体験しよう！

5ページ ぴったり3
できたらシールをはろう

82〜83ページ ぴったり12
できたらシールをはろう

80〜81ページ ぴったり12
できたらシールをはろう

78〜79ページ ぴったり12
できたらシールをはろう

76〜77ページ ぴったり12
できたらシールをはろう

74〜75ページ ぴったり3
できたらシールをはろう

72〜73ページ ぴったり12
できたらシールをはろう

70〜71ページ ぴったり12
できたらシールをはろう

68〜69ページ プログラミング
できたらシールをはろう

方体
❸ 位置の表し方
行

★考える力をのばそう

4年のふくしゅう

8〜119ページ ぴったり12
できたらシールをはろう

120〜121ページ ぴったり12
できたらシールをはろう

122〜123ページ ぴったり3
できたらシールをはろう

124〜125ページ
できたらシールをはろう

126〜128ページ
できたらシールをはろう

ゴール

さいごまでがんばったキミは「ごほうびシール」をはろう！

（キリトリ線）

教科書ぴったりトレーニング　算数　4年　東京書籍版　折込①（ウラ）

もくじ

算数4年
東京書籍版
新編　新しい算数

教科書ぴったりトレーニング

▶3分でまとめ動画

ぴったり① じゅんび
3分でまとめ

① 大きい数のしくみ

① 大きい数のしくみ

学習日　月　日

教科書　上 8〜13 ページ　　答え　1 ページ

次の□にあてはまることばや数を書きましょう。

めあて 1億より大きい数のしくみがわかるようにしよう。　練習 ①②③④→

- ☆千万を 10 こ集めた数は 1 億です。
- ☆千万の位の左の位を、**一億の位**といいます。
- ☆一億の 10 倍を**十億**といい、**1000000000** と書きます。　←0が9こで 10 けた
- ☆十億の 10 倍を**百億**、百億の 10 倍を**千億**といいます。

1 427580000000 を読みましょう。

とき方 いちばん左の 4 は、

□ 億が 4 こ、

左から 2 ばんめの 2 は、

□ 億が 2 こあることを

表しています。

□

と読みます。

千億の位	百億の位	十億の位	一億の位	千万の位	百万の位	十万の位	一万の位	千の位	百の位	十の位	一の位
4	2	7	5	8	0	0	0	0	0	0	0

右から 4 けたごとに区切ると、
億　　万
4275 8000 0000　だね。

めあて 千億より大きい数のしくみがわかるようにしよう。　練習 ①②③④→

- ☆千億の 10 倍を**一兆**といい、**1000000000000** と書きます。　←0が 12 こで 13 けた
- ☆一兆の 10 倍を**十兆**、十兆の 10 倍を**百兆**、百兆の 10 倍を**千兆**といいます。
- ☆整数は、位が 1 つ左へ進むごとに、10 倍になるしくみになっています。

2 65273000000000 を読みましょう。

とき方 この数は、

一兆を □ こと、

一億を □ こあわせた

数です。

□

と読みます。

千兆の位	百兆の位	十兆の位	一兆の位	千億の位	百億の位	十億の位	一億の位	千万の位	百万の位	十万の位	一万の位	千の位	百の位	十の位	一の位
	6	5	2	7	3	0	0	0	0	0	0	0	0	0	0

右から 4 けたごとに区切ると、
読みやすいんだね。
兆　　億　　万
65 2730 0000 0000

ぴったり 2
練 習

★ できた問題には、「た」をかこう！★
でき 1 た　でき 2　でき 3　でき 4

学習日　　月　　日

教科書　上 8〜13 ページ　答え　1 ページ

1 次の数を読みましょう。

教科書　9 ページ **1**、10 ページ **2**、11 ページ **3**

① 683503325

よくみて
② 52037091250000

(　　　　　　　) (　　　　　　　)

2 数字で書きましょう。

教科書　9 ページ **1**、10 ページ **2**、11 ページ **3**、13 ページ ⑤

① 九百七億百二十三万五十

② 二十三兆三百億五千万

(　　　　　　　) (　　　　　　　)

③
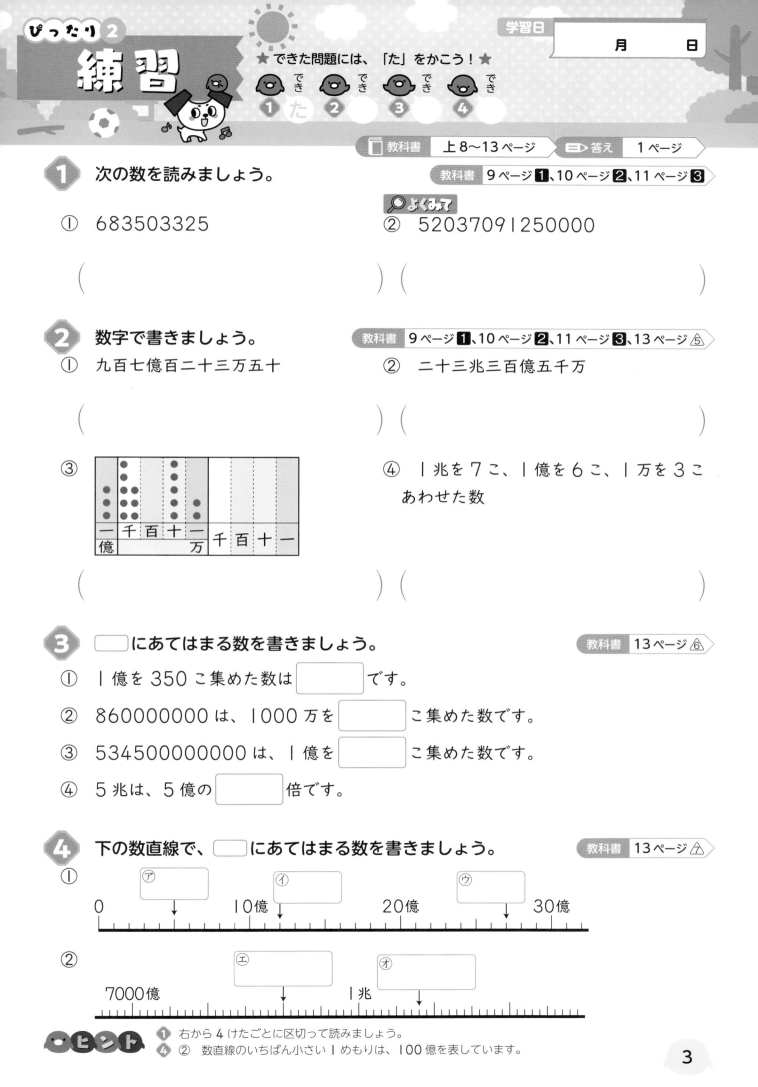

| 億 | 千 | 百 | 十 | 一 | 万 | 千 | 百 | 十 | 一 |

④ １兆を 7 こ、１億を 6 こ、１万を 3 こ あわせた数

(　　　　　　　) (　　　　　　　)

3 □にあてはまる数を書きましょう。

教科書　13 ページ ⑥

① １億を 350 こ集めた数は □ です。

② 860000000 は、1000 万を □ こ集めた数です。

③ 534500000000 は、１億を □ こ集めた数です。

④ 5 兆は、5 億の □ 倍です。

4 下の数直線で、□にあてはまる数を書きましょう。

教科書　13 ページ ⑦

① ⑦　　　　　⑦　　　　　⑦

0　　10億　　20億　　30億

② ⑦　　　　　⑦

7000億　　１兆

ヒント
1 右から 4 けたごとに区切って読みましょう。
4 ② 数直線のいちばん小さい１めもりは、100 億を表しています。

3

① 大きい数のしくみ

② **10 倍した数、$\frac{1}{10}$ にした数**

📖 教科書　上 14〜15 ページ　⇨ 答え　2 ページ

✏️ 次の ☐ にあてはまる数を書きましょう。

◎ **めあて**　大きい整数でも、10 倍した数や $\frac{1}{10}$ にした数がわかるようにしよう。　練習 ①➡

★ 整数を 10 倍すると、位は 1 けたずつ上がります。

★ 整数を $\frac{1}{10}$ にすると、位は 1 けたずつ下がります。

1 74 億を 10 倍した数はいくつですか。

また、74 億を $\frac{1}{10}$ にした数はいくつですか。

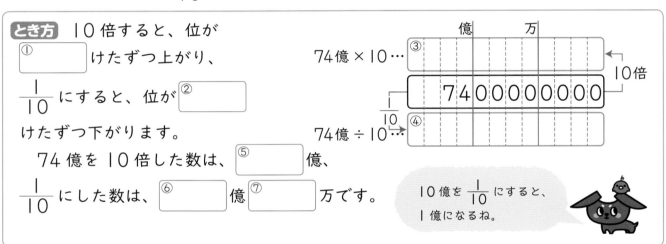

とき方　10 倍すると、位が

① ☐ けたずつ上がり、

$\frac{1}{10}$ にすると、位が ② ☐

けたずつ下がります。

74 億を 10 倍した数は、⑤ ☐ 億、

$\frac{1}{10}$ にした数は、⑥ ☐ 億 ⑦ ☐ 万です。

74億×10… ③

7400000000　←　10倍

$\frac{1}{10}$　74億÷10… ④

10 億を $\frac{1}{10}$ にすると、1 億になるね。

◎ **めあて**　どんな大きさの整数でも表せるしくみをわかるようにしよう。　練習 ②③➡

整数は、それぞれの位に、その位の数が何こあるかで表します。

0、1、2、3、4、5、6、7、8、9 の 10 この数字を使うと、どんな大きさの整数でも表すことができます。

2　0 から 9 までの 10 まいの数字カードから 9 まいを選んで、9 けたの整数をつくります。いちばん大きい整数といちばん小さい整数をつくりましょう。

| 0 | 1 | 2 | 3 | 4 |
| 5 | 6 | 7 | 8 | 9 |

とき方　いちばん大きい整数は、大きい数の順に左からカードをならべて、

☐ になります。

いちばん小さい整数は、小さい数の順に左からカードをならべてつくりますが、いちばん左の位には 0 のカードは置けないので、

☐ になります。

ぴったり2

練習

★できた問題には、「た」をかこう！★

① でき ② でき ③ でき

学習日 月 日

教科書 上14～15ページ　答え 2ページ

1 次の数を10倍した数、$\frac{1}{10}$にした数はいくつですか。

教科書 14ページ 1

① 90億

10倍した数 (　　　)

$\frac{1}{10}$にした数 (　　　)

② 4000億

10倍した数 (　　　)

$\frac{1}{10}$にした数 (　　　)

③ 5兆（ちょう）

10倍した数 (　　　)

$\frac{1}{10}$にした数 (　　　)

④ 83兆

10倍した数 (　　　)

$\frac{1}{10}$にした数 (　　　)

2 0から9までの10まいの数字カードがあります。どれも1回ずつ使って、10けたの整数をつくります。

0	1	2	3	4
5	6	7	8	9

教科書 15ページ 2

① 100億にいちばん近い整数はいくつですか。

(　　　)

! まちがい注意

② 2ばんめに小さい整数はいくつですか。

(　　　)

よくよんで

3 0から9までの数字を使って、12けたの整数をつくります。同じ数字を何回使ってもよいことにします。

教科書 15ページ 2

① いちばん小さい整数はいくつですか。

(　　　)

② 5ばんめに大きい整数はいくつですか。

(　　　)

ヒント

2 ② いちばん小さい整数をつくってから考えましょう。
3 ② いちばん大きい整数をつくってから考えましょう。

1 大きい数のしくみ
③ かけ算

教科書 上16〜17ページ　答え 3ページ

✏️ 次の□にあてはまる数を書きましょう。

🎯めあて 3けたの数どうしのかけ算の筆算ができるようにしよう。　練習 ① ②→

数が大きくなっても、筆算のしかたは同じです。
位をたてにそろえて書き、一の位から順に計算します。

1 次の計算を、筆算でしましょう。

(1) 278×453

(2) 192×607

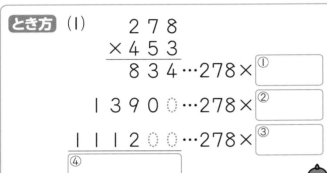

とき方 (1)
```
    278
  × 453
    834 …278×①□
  1390 …278×②□
111200 …278×③□
④□
```
278×400＝111200の「00」の2けた分ずらして1112と書くんだね。

(2)
```
    192
  × 607
   1344 …192×⑤□
115200 …192×⑥□
⑦□
```
0をかける計算を省くくふうをしているね。

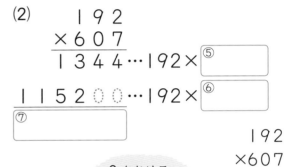
```
    192
  × 607
   1344
   000
  1152
```

🎯めあて 終わりに0のある数のかけ算をくふうしてできるようにしよう。　練習 ②→

終わりに0のある数のかけ算は、0を省いて計算し、
その積の右に、省いた0の数だけ0をつけます。

かけ算の答え…積
たし算の答え…和
ひき算の答え…差
わり算の答え…商

2 3700×640を筆算でしましょう。

とき方 終わりにある0を省いて、筆算します。
```
    3700
  ×  640
    148
   222
②□
```
➡省いた0は、あわせて①□つです。

37×64の積の右に、
⬅同じ数の0をつけます。

3700×640
＝37×100×64×10
＝37×64×100×10
＝37×64×1000
0が3こ

1 次の計算を、筆算でしましょう。

教科書 16 ページ **1**

① 193×246

② 865×492

③ 207×369

④ 570×683

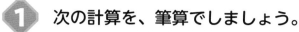 よくみて

2 次の計算の、筆算のしかたをくふうしましょう。

教科書 17 ページ **2**

① 916×402

② 608×703

③ 2500×50

④ 3800×90

⑤ 740×2300

⑥ 4500×160

ヒント

❶ 位に気をつけて、ひとつひとつていねいに計算しましょう。
❷ ③〜⑥　終わりの 0 を省いて筆算します。省いた 0 の数だけ 0 をわすれずに答えにつけましょう。

7

① 大きい数のしくみ

時間 **30** 分

／100

ごうかく **80** 点

教科書 上 8〜19 ページ 答え 4 ページ

知識・技能 ／82点

1 下の数について答えましょう。 各3点（12点）

$$8\ 2\ 0\ 3\ 2\ 9\ 4\ 7\ 5\ 0\ 0\ 0\ 0$$

① 十億の位の数字は何ですか。 （　　　　　　　　）

② いちばん左の数字は何の位ですか。 （　　　　　　　　）

③ 左から 2 ばんめの 2 と、5 ばんめの 2 は、それぞれ何が 2 こあることを表していますか。

2 ばんめ（　　　　　　　　）　　5 ばんめ（　　　　　　　　）

2 よく出る 数字で書きましょう。 各3点（12点）

① 三兆千百八十二億 ② 五百二億七千万

（　　　　　　　　）　　　　　　（　　　　　　　　）

③ 1 億を 2 こ、1000 万を 9 こあわせた数 （　　　　　　　　）

④ 1000 億を 703 こ集めた数 （　　　　　　　　）

3 下の数直線で、□ にあてはまる数を書きましょう。 各4点（12点）

㋐　　　　　　㋑　　　　　　㋒

8000億　　　　　　↓　　　9000億↓　　　　　　↓

4 よく出る 次の数を 10 倍した数はいくつですか。 各4点（8点）

① 36 億 ② 6200 億

（　　　　　　　　）　　　　　　（　　　　　　　　）

8

5 よく出る 次の数を $\dfrac{1}{10}$ にした数はいくつですか。　　　　　各4点(8点)

① 580億 （　　　　　　　　）　② 4兆 （　　　　　　　　　　）

6 よく出る 次の計算を、筆算でしましょう。　　　　　各5点(30点)

① 728×354　　　② 508×472　　　③ 937×604

④ 7200×60　　　⑤ 240×3900　　　⑥ 2800×670

思考・判断・表現　　　　　　　　　　　　　　　　　　　／18点

7 0から9までの数字を使って、10けたの整数をつくります。同じ数字を何回使ってもよいことにします。

⑦の整数が、⑦の整数より小さくなるとき、⑦の□にあてはまる数字を全部答えましょう。　　　　　　　　　　　全部できて 8点

⑦ 74□5920000　　　　　⑦ 7436180000

（　　　　　　　　）

8 右の筆算はまちがっています。その理由を説明して、となりに正しく計算しましょう。

説明　　　　　　　　　　　全部できて 10点

（　　　　　　　　　　　　　　　）

```
    387
  ×406
  2322
 1548
 17802
```

正しい計算

ふりかえり 🐶 **1**①がわからないときは、2ページの **1** にもどってかくにんしてみよう。

✏ 次の ◯ にあてはまる数やことばを書き、グラフをかきましょう。

めあて 折れ線グラフを見て、変わり方を調べられるようにしよう。 練習 ①➡

折れ線グラフでは、線のかたむきで変わり方がわかります。

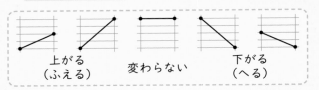

上がる（ふえる）　　変わらない　　下がる（へる）

線のかたむきが急であるほど、変わり方が大きいね。

1 右の折れ線グラフを見て、気温の変わり方を調べましょう。

とき方 ▶ 5 月の気温は、① ◯ 度です。

▶ いちばん高い気温は、② ◯ 度です。

▶ 気温の上がり方がいちばん大きいのは、
③ ◯ 月から ④ ◯ 月です。

▶ 気温の下がり方がいちばん大きいのは、
⑤ ◯ 月から ⑥ ◯ 月です。

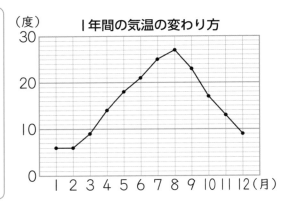

（度）　1年間の気温の変わり方

めあて 折れ線グラフのかき方がわかるようにしよう。 練習 ②➡

❶ 横のじく、たてのじくにそれぞれめもりが表す数を書く。単位も書く。

❷ それぞれの記録を表すところに点をうち、点を順に直線で結ぶ。

❸ 表題を書く。

❸→❶→❷の順でもいいよ。

2 1年間の気温の変わり方を、折れ線グラフに表しましょう。

1年間の気温の変わり方

月	1	2	3	4	5	6	7	8	9	10	11	12
気温（度）	9	10	13	17	21	24	28	29	26	21	16	11

とき方 横のじくに ◯ をとり、たてのじくには ◯ をとって、めもりが表す数を書きます。

右のグラフの続きをかきましょう。

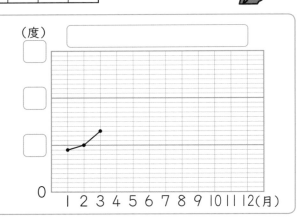

（度）

練習

★ できた問題には、「た」をかこう！★

でき ① でき ②

📖 教科書　上 20〜27 ページ　▶ 答え　5 ページ

1 右の折れ線グラフを見て、□にあてはまる数を書きましょう。

教科書 21 ページ **1**、23 ページ **2**

① たてのじくの 1 めもりは、□ 度を表しています。

② 気温が変わっていないのは、□ 月から □ 月までです。

③ 気温の上がり方がいちばん大きいのは、□ 月から □ 月で、□ 度上がっています。

④ 気温の上がり方がいちばん小さいのは、□ 月から □ 月です。

⑤ 気温の下がり方がいちばん小さいのは、□ 月から □ 月です。

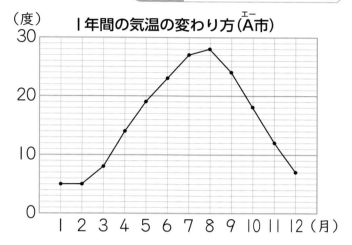

（度）**1年間の気温の変わり方（A市）**

2 下の表は、1日の気温の変わり方を調べたものです。

教科書 24 ページ **3**、26 ページ **4**、27 ページ **5**

1日の気温の変わり方（4月27日調べ）

時こく（時）	午前 8	9	10	11	午後 0	1	2	3	4	5
気温（度）	15	16	18		22	23	24	21	19	18

① 上の気温の変わり方を、右のグラフの⑦〜⑦にあてはまることばや数を書いて、折れ線グラフに表しましょう。

⑦ （　　　　　）　④ （　　　　　）

⑨ （　　　　　）　⑤ （　　　　　）

⑦ （　　　　　）

② 午前 11 時の気温は、どれくらいといえますか。

（　　　ぐらい）

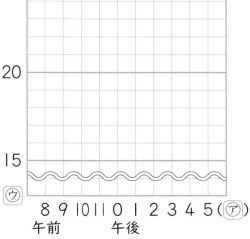

（④）　⑦（4月27日調べ）

○ ≈ の印を使って、めもりのとちゅうを省いています。

💡 **ヒント**
1 線のかたむきは、めもりのちがいを数えて調べましょう。
2 ② 午前 10 時の点と午後 0 時の点を結んだ直線が、午前 11 時のめもりと交わるところをよみましょう。

教科書　上 29〜33 ページ　答え　5 ページ

✎ 次の◯にあてはまる数やことばを書きましょう。

◎めあて　記録を見やすく整理できるようにしよう。　練習 ①②➡

記録を、2つのことがらに注目して整理するときは、
たてのらんと横のらんがある長方形の形をした表に整理します。

1 右の表を見て答えましょう。

(1) ろう下で転んだ人は何人ですか。

(2) 教室でけがをした人は何人ですか。

(3) どこで、どんな原いんのけがが、いちばん多いですか。

けがをした場所と原いん（4月）　（人）

場所＼原いん	ぶつかる	転ぶ	ひねる	落ちる	合計
校庭	6	5	2	0	13
体育館	3	3	2	1	9
教室	2	2	0	0	4
ろう下	1	3	0	0	4
合計	12	13	4	1	30

とき方 (1) ろう下 を横に、 転ぶ をたてに見て、交わったところの◯人です。

(2) 教室 を横に見て、合計のらんの◯人です。

(3) 表の中でいちばん大きい数は 6 です。　←合計をのぞく

6 から横に見て場所が、たてに見て原いんがわかります。

◯で、◯けががいちばん多いです。
　場所　　　　原いん

表をつくるとき、人数は「正」の字を書いて調べるよ。

2 まほさんの組で、泳げる人を調べました。右の表を見て答えましょう。

(1) ㋐はどのような人を表していますか。

(2) クロールも平泳ぎも泳げない人は何人ですか。

泳げる人調べ　（人）

		平泳ぎ		合計
		泳げる	泳げない	
クロール	泳げる	7	㋐ 12	19
	泳げない	4	5	9
合計		11	17	28

とき方 (1) ㋐は、 クロール 泳げる と、 平泳ぎ 泳げない が交わったところです。

㋐は、◯は泳げて◯は泳げない人を表しています。

(2) クロール 泳げない と 平泳ぎ 泳げない が交わったところの◯人です。

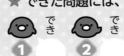
1 右の表は、5 月のけがの記録です。 教科書 30 ページ **1**

① 下の表に人数を書きましょう。

また、それぞれの合計を計算しましょう。

けがをした場所と原いん（5 月）　　（人）

場所 ＼ 原いん	ぶつかる	転ぶ	ひねる	落ちる	合計
校庭					
体育館					
教室					
ろう下					
合計					

② □にあてはまる数やことばを書きましょう。

・体育館で転んでけがをした人は □ 人です。

・教室でいちばん多かった原いんは □ です。

・いちばん多かったのは、□（場所）で、

□（原いん）けがです。

けが調べ（5 月）

場所	原いん
体育館	ひねる
ろう下	ぶつかる
校庭	転ぶ
校庭	転ぶ
体育館	落ちる
ろう下	転ぶ
校庭	転ぶ
校庭	ぶつかる
体育館	転ぶ
教室	ぶつかる
体育館	ぶつかる
体育館	転ぶ
教室	転ぶ
ろう下	転ぶ
校庭	ひねる
校庭	転ぶ
教室	ぶつかる
校庭	ぶつかる

2 右の表は、ゆうたさんの組で、海と山の好ききらいを調べたものです。 教科書 32 ページ **2**

① 下の表に、人数を書きましょう。

海と山の好ききらい調べ　（人）

海	山	人数（人）
○	○	
○	×	
×	○	
×	×	

		山		合計
		好き	きらい	
海	好き			
	きらい	㋐		
合計				

② ㋐はどのような人を表していますか。

（　　　　　　　　　　　　　　　　　　　）

海と山の好ききらい調べ

出席番号	海	山	出席番号	海	山
1	○	×	15	○	○
2	○	○	16	×	×
3	×	○	17	○	×
4	○	○	18	○	○
5	○	○	19	×	○
6	×	×	20	○	×
7	○	○	21	○	○
8	×	○	22	○	○
9	○	○	23	○	○
10	○	○	24	×	○
11	×	○	25	○	○
12	○	○	26	○	×
13	×	×	27	○	○
14	○	○	28	×	○

○…好き　×…きらい

ヒント
1 ① あてはまるところに、「正」の字を使って、もれがないように数えましょう。
2 ① まず、いちばん右のデータで数え、いちばん左の表に数を書き入れましょう。

ぴったり3
たしかめのテスト

② 折れ線グラフと表

時間 **30** 分

／100

ごうかく **80** 点

教科書 上 20〜35 ページ ｜ 答え 7 ページ

知識・技能 　　　　　　　　　　　　　　　　　　　　　　　／85点

1 折れ線グラフに表すとよいのはどれですか。2 つ選びましょう。　　各5点(10点)

ⓐ 　4 月に調べた組の人の身長

ⓘ 　かぜをひいたときの体温の変わり方のようす

ⓤ 　同じ時こくに調べた各地の気温

ⓔ 　3 か月ごとに調べた自分の体重

（　　　　）（　　　　）

2 よく出る 右の折れ線グラフを見て、□ にあてはまる数やことばを書きましょう。

各5点(30点)

① 　横のじくは □ 、

たてのじくは □ を表しています。

② 　3 月の気温は □ 度、

9 月の気温は □ 度です。

③ 　気温の下がり方がいちばん大きいのは、

□ 月から □ 月です。

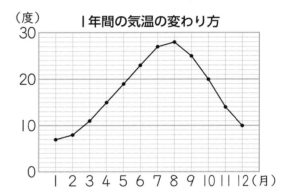

3 よく出る 下の表は、ある 1 日の気温を 2 時間ごとに調べたものです。

①は全部できて　1問5点(10点)

1 日の気温の変わり方

時こく（時）	午前 6	8	10	午後 0	2	4	6
気温（度）	17	20	23	27	29	25	20

① 　上の表を、右のグラフの □ にあてはまる数やことばを書いて、折れ線グラフに表しましょう。

② 　グラフから、必ず正しいといえるのはどちらですか。

ⓐ 　午後 3 時の正かくな気温は 27 度です。

ⓘ 　気温の上がり方がいちばん大きいのは、午前 10 時から午後 0 時です。

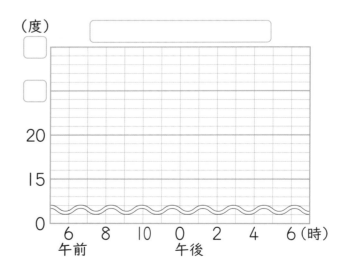

（　　　　　　）

14

④ **よく出る** 右の表を見て、□にあてはまる数やことばを書きましょう。

各5点(15点)

けがをした場所と原いん(4月)　(人)

場所＼原いん	ぶつかる	転ぶ	ひねる	落ちる	合計
校庭	2	8	1	0	11
体育館	3	1	1	1	6
教室	2	1	1	0	4
ろう下	2	2	0	0	4
合計	9	12	3	1	25

① ひねった人は □ 人です。

② 体育館で落ちてけがをした人は □ 人です。

③ けがをした人がいちばん多かった場所は □ です。

⑤ 右の表は、れんさんの組で、ネコとイヌの好ききらいを調べたものです。

⑦〜⑤にあてはまる数を書きましょう。

各5点(20点)

動物の好ききらい調べ　(人)

		イヌ 好き	イヌ きらい	合計
ネコ	好き	⑦	⑦	21
ネコ	きらい	8	⑦	11
合計		23	9	⑤

⑦ (　　　　　　)　⑦ (　　　　　　)

⑦ (　　　　　　)　⑤ (　　　　　　)

思考・判断・表現　　　　　　　　　　／15点

⑥ 右の折れ線グラフは、東京の1年間の気温の変わり方を表しています。

下の表から、キャンベラの1年間の気温の変わり方を表す折れ線グラフを、右のグラフ用紙にかきましょう。

また、東京とキャンベラの気温が同じになるのは、何月と何月の間と考えられますか。2つ答えましょう。

1年間の気温の変わり方(東京)

各5点(15点)

1年間の気温の変わり方(キャンベラ)

月	1	2	3	4	5	6	7	8	9	10	11	12
気温(度)	21	20	18	14	10	7	6	7	10	13	16	19

(＿＿＿＿と＿＿＿＿の間)　(＿＿＿＿と＿＿＿＿の間)

ふりかえり ②がわからないときは、10ページの①にもどってかくにんしてみよう。

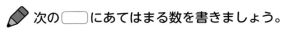

ぴったり1 じゅんび

3分でまとめ

③ わり算の筆算(1)

① 何十、何百のわり算

教科書　上 36～38 ページ　答え　8 ページ

✎ 次の ▢ にあてはまる数を書きましょう。

◎めあて　何十のわり算ができるようにしよう。

練習 ① ③ →

何十をわるわり算の答えは、
10 が何こ分になるかを考えて求めます。

1 60 まいの色紙を、3 人で同じ数ずつ分けます。
　 1 人分は何まいになりますか。

とき方　式を書きましょう。これまでと同じ考え方です。

全部のまい数 ÷ 分ける人数 ＝ 1 人分のまい数

式 ▢ ÷3

10 まいのたば ▢ たばを、

3 人で同じ数ずつ分ければよいから、

6 ÷3＝▢ ←たばの数

60÷3＝▢ ←色紙のまい数

3 のだんの
九九に 60 は
ないけれど…。

◎めあて　何百のわり算ができるようにしよう。

練習 ② →

何百をわるわり算の答えは、
100 が何こ分になるかを考えて求めます。

2 800÷4 を計算しましょう。

とき方　▢ のたば 8 たばを、

4 等分した 1 つ分だから、

8 ÷4＝▢ ←たばの数

800÷4＝▢

200÷4 だったら、
100 のたば
2 たばを 4 等分
2÷4…？？

そのときは、
10 のたば
が 20 たばと
考えよう。

★ できた問題には、「た」をかこう！★
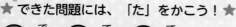

でき ① でき ② でき ③

教科書　上 36〜38 ページ　　答え　8 ページ

1 次の計算をしましょう。

教科書　37 ページ **1**

① 60÷2 　　② 80÷4 　　③ 90÷9

④ 180÷3 　　⑤ 360÷9 　　⑥ 420÷7

⑦ 480÷6 　　⑧ 300÷5 　　⑨ 400÷8

2 次の計算をしましょう。

教科書　37 ページ **1**

① 800÷2 　　② 700÷7 　　③ 900÷3

④ 1200÷6 　　⑤ 2800÷4 　　⑥ 4500÷9

⑦ 7200÷8 　　⑧ 3000÷6 　　⑨ 4000÷5

3 200 このビーズを同じ数ずつ分けて、4 つの入れ物につめます。
1 つの入れ物に、何こずつつめればよいですか。

教科書　37 ページ **1**

式

答え （　　　　　　　）

1 ⑧ 3÷5 はできないので、300 を 10 をもとにして考えましょう。
2 ⑧ 3÷6 はできないので、3000 を 100 をもとにして考えましょう。

ぴったり1 じゅんび

② わり算の筆算(1)

✏ 次の ⬜ にあてはまる数を書きましょう。

◎めあて わり算の筆算ができるようにしよう。　　　　　練習 ❶ ❷ ❸ →

☆わり算の筆算は、大きい位から計算します。

☆答えをたしかめる計算を「けん算」といいます。

| わる数 | × | 商 | ＋ | あまり | ＝ | わられる数 |

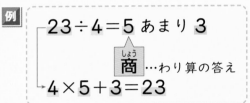

例
$$23 \div 4 = 5 \text{ あまり } 3$$

商 …わり算の答え

$$4 \times 5 + 3 = 23$$

1 次の計算を筆算でして、けん算もしましょう。

(1) $85 \div 3$　　　　　　　　　　(2) $583 \div 4$

とき方 (1) 十の位の計算　　　　　　⟶　　一の位の計算

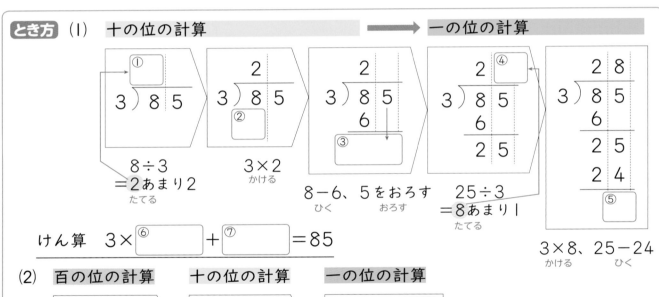

$8 \div 3$
$= 2$ あまり 2
たてる

3×2
かける

$8 - 6$、5 をおろす
ひく　　　　おろす

$25 \div 3$
$= 8$ あまり 1
たてる

3×8、$25 - 24$
かける　　　ひく

けん算　$3 \times$ ⑥⬜ $+$ ⑦⬜ $= 85$

(2) 百の位の計算　　十の位の計算　　一の位の計算

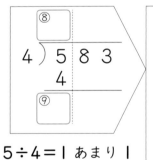

$5 \div 4 = 1$ あまり 1

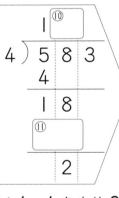

$18 \div 4 = 4$ あまり 2

$23 \div 4 = 5$ あまり 3

あまりはわる数より
小さくなっているか
気をつけましょう。

けん算　$4 \times$ ⑭⬜ $+$ ⑮⬜ $= 583$

練習

★ できた問題には、「た」をかこう！★

でき ① 　 でき ② 　 でき ③

月　　　日

教科書 上 39〜46 ページ 　 答え 　 9 ページ

1 次の計算をして、けん算もしましょう。　　教科書 39 ページ **1**、42 ページ **2**、44 ページ **3**

① 　 4⟌92

けん算 （　　　　　　　　　　　　）

② 　 6⟌94

けん算 （　　　　　　　　　　　　）

③ 　 3⟌67

けん算 （　　　　　　　　　　　　）

④ 　 2⟌81

けん算 （　　　　　　　　　　　　）

2 次の計算をしましょう。　　教科書 45 ページ **4**、46 ページ **5**

① 　 5⟌789

② 　 6⟌804

③ 　 2⟌649

④ 　 7⟌845

⑤ 　 3⟌626

⑥ 　 4⟌807

📖 よくよんで

3 82 ページの本を、1 日に 6 ページずつ読むとすると、読み終わるのに何日かかりますか。　　教科書 42 ページ **2**

式

答え （　　　　　　　　　　　　）

 **1** ④ 一の位に商がたたないときは 0 を書きましょう。
3 あまりのページを読む日も数えましょう。

③ わり算の筆算(2)

教科書 上 47〜49 ページ　　答え 10 ページ

✏ 次の ☐ にあてはまる数を書きましょう。

◎めあて 商がたつ位に注意して、わり算の筆算ができるようにしよう。　　練習 ❶ ❷ →

わられる数のいちばん大きい位の数が、わる数より小さいときは、
次の位の数までふくめた数で計算を始めます。

1 234 まいの色紙を、3 人で同じ数ずつ分けます。1 人分は何まいになりますか。

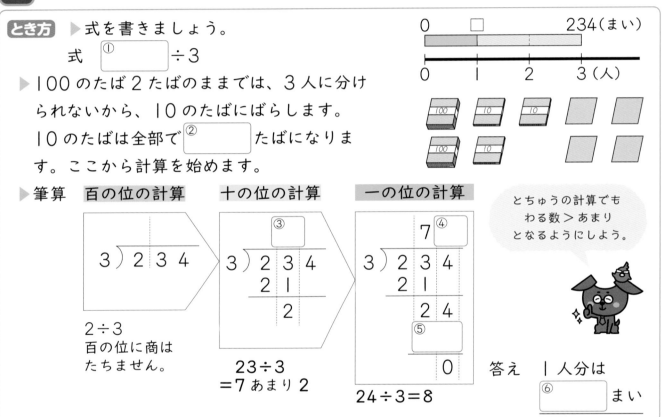

とき方 ▶ 式を書きましょう。

式 ① ☐ ÷3

▶ 100 のたば 2 たばのままでは、3 人に分け
られないから、10 のたばにばらします。
10 のたばは全部で ② ☐ たばになりま
す。ここから計算を始めます。

▶ 筆算　百の位の計算　　十の位の計算　　一の位の計算

2÷3
百の位に商は
たちません。

23÷3
=7 あまり 2

24÷3=8

とちゅうの計算でも
わる数 ＞ あまり
となるようにしよう。

答え　1 人分は
⑥ ☐ まい

2 485÷6 を筆算でして、けん算もしましょう。

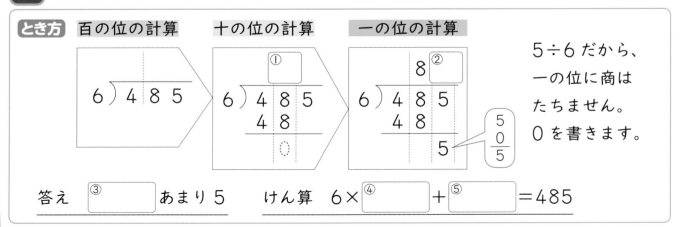

とき方　百の位の計算　　十の位の計算　　一の位の計算

5÷6 だから、
一の位に商は
たちません。
0 を書きます。

答え ③ ☐ あまり 5　　けん算　6× ④ ☐ ＋ ⑤ ☐ ＝485

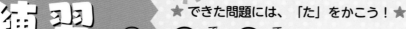

① 次のわり算で、商が十の位からたつのはどれですか。
その理由も説明しましょう。

教科書　47 ページ **1**、49 ページ ⚠

あ
$7\overline{)839}$

い
$7\overline{)642}$

う
$7\overline{)532}$

え
$7\overline{)709}$

答え（　　　　　　　　　　　）

説明（　　　　　　　　　　　　　　　　　）

② 次の計算を、筆算でしましょう。

教科書　47 ページ **1**

① 408÷7　　② 629÷8　　③ 215÷5

④ 192÷2　　⑤ 316÷4　　⑥ 289÷7

⑦ 186÷3　　⑧ 453÷9　　⑨ 360÷6

ヒント
① 「わる数」や「わられる数の百の位」などを使って説明しましょう。
② ⑧・⑨　答えの百の位には 0 を書きませんが、一の位には 0 を書きましょう。

21

③ わり算の筆算(1)

④ **暗算**

📖 教科書 | 上 50 ページ | 🔲 答え | 10 ページ

✏️ 次の ▭ にあてはまる数を書きましょう。

◎めあて （2けたの数）÷（1けたの数）の暗算ができるようにしよう。

練習 ① ② →

例 $45 \div 3$ の暗算

$$45 \div 3 = 15$$
30　15
① 　②

❶ $30 \div 3 = 10$
❷ $15 \div 3 = 5$
あわせて　15

1 $56 \div 4$ の暗算のしかたを考えましょう。

とき方 答えの見当をつけてから、暗算でしましょう。

$40 \div 4 = 10$ で、10 よりは大きいけれど、$80 \div 4 = 20$ で、20 よりは小さいよ。

わられる数の 56 を、① ▭ と 16 に分けて考えます。

56
② ▭　16
❶ 　❷

❶ ③ ▭ $\div 4 =$ ④ ▭
❷ 　$16 \div 4 =$ ⑤ ▭
あわせて ⑥ ▭

◎めあて 何十、何百のわり算を暗算でできるようにしよう。

練習 ③ →

例 $450 \div 3$ の暗算　　450 を 10 をもとにして考えると、$45 \div 3 = 15$

$$450 \div 3 = 150$$

2 $340 \div 2$ の暗算のしかたを考えましょう。

とき方 10 をもとにして考えると、340 は、10 が 34 こ分です。

$34 \div 2$ の答えは、
$34 \div 2 =$ ▭
10 が 17 こ分になるから、
$340 \div 2 =$ ▭

34
20　14
❶ 　❷

❶ $20 \div 2 = 10$
❷ $14 \div 2 = 7$
あわせて　17

$34 \div 2$ の答えに 0 を 1 つつければいいんだね。

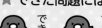

練習

教科書　上 50 ページ　　答え　10 ページ

 ① 次の計算を暗算ですることを考えます。わられる数をどんな数に分けて 2 でわればよいでしょうか。□にあてはまる数を書きましょう。　教科書 50 ページ **1**

① 46÷2　　　　② 58÷2　　　　③ 94÷2

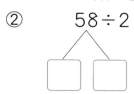　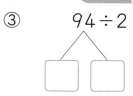

2 次の計算を、暗算でしましょう。　教科書 50 ページ **1**

① 26÷2　　　　② 48÷4　　　　③ 69÷3

④ 84÷6　　　　⑤ 54÷2　　　　⑥ 57÷3

⑦ 95÷5　　　　⑧ 80÷5　　　　⑨ 90÷6

3 次の計算を、暗算でしましょう。　教科書 50 ページ **1**

① 280÷2　　　② 860÷2　　　③ 930÷3

④ 520÷4　　　⑤ 960÷8　　　⑥ 780÷3

⑦ 980÷7　　　⑧ 900÷5　　　**！まちがい注意**
　　　　　　　　　　　　　　　　⑨ 1200÷8

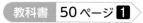 ● ヒント　③ ⑨ 1200 は、10 が 120 こ分になります。120÷8 で考えましょう。

③ わり算の筆算(1)

時間 **30** 分

／100

ごうかく **80** 点

教科書 上 36〜53 ページ　答え 11 ページ

知識・技能

／61点

1 よく出る 次の計算をしましょう。　　　各4点(12点)

① 150÷3　　　　② 200÷5　　　　③ 6400÷8

2 次のわり算のけん算をしましょう。　　　(4点)

74÷3＝24 あまり 2

(　　　　　　　　　　　　　　)

3 よく出る 次の計算を、筆算でしましょう。　　　各5点(45点)

① 72÷6　　　　② 98÷3　　　　③ 65÷6

④ 988÷8　　　　⑤ 685÷5　　　　⑥ 829÷4

⑦ 298÷4　　　　⑧ 336÷6　　　　⑨ 634÷7

思考・判断・表現　　　　　　　　　　　　　　　　　　　　／39点

4 次の筆算はまちがっています。その理由を説明して、正しい答えを求めましょう。

全部できて　1問8点（16点）

①
```
      23
   4)97
      8
     ─
     17
     12
    ──
      5
```

②
```
      520
   7)364
      35
     ──
      14
      14
     ──
       0
```

説明
(   )

説明
(   )

正しい答え (   )　　　　正しい答え (   )

5 次のわり算で、商が百の位からたつのは、□がどんな数字のときですか。あてはまる数字を全部書きましょう。

全部できて　5点

□)407

(   )

6 114この荷物を、1回に8こずつ運ぶと、何回で運び終わりますか。

式・答え　各4点（8点）

式

答え (   )

できたらスゴイ！

7 ある数を3でわるのを、まちがえて3をかけたので、答えが234になりました。ある数と正しい答えを求めましょう。

各5点（10点）

ある数 (   )　　　正しい答え (   )

ふりかえり　❶①・②がわからないときは、16ページの**1**にもどってかくにんしてみよう。

ふろくの「計算せんもんドリル」 1〜7 もやってみよう！

3分でまとめ

④ 角の大きさ

（角の大きさ）

教科書　上 54〜63 ページ　　答え　12 ページ

✎ 次の □ にあてはまる記号や数を書きましょう。

◎めあて　分度器を使って、角の大きさをはかれるようにしよう。　練習 ①→

★直角を 90 に等分した 1 こ分の角の大きさを 1 度といい、1° と書きます。

★度は、角の大きさを表す単位です。

★角の大きさのことを、角度ともいいます。

1 直角＝90°

1 あの角度は何度ですか。

とき方 角度をはかるには、分度器を使います。

① 分度器の中心を、角の頂点 □ に合わせます。

② 0° の線を、辺アイに合わせます。

③ 辺アウと重なっているめもりをよみます。

あの角度は □ ° です。

めもりが 2 つあるけれど、0° の線を合わせたほうのめもりをよむよ。

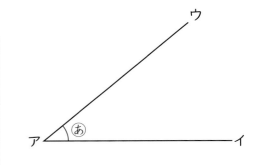

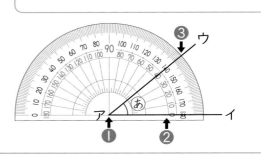

◎めあて　180° より大きい角度をはかれるようにしよう。　練習 ③→

例 あの角度のはかり方

・○の角度をはかって、180＋○

・⑤の角度をはかって、360－⑤

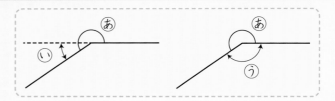

2 あの角度は何度ですか。

とき方 ▶○の角度をはかると、

35° だから、あは

① □ ＋35＝② □

▶⑤の角度をはかると、145° だから、あは

③ □ －145＝④ □

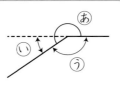

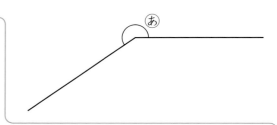

あの角度は⑤ □ ° です。

ぴったり2
練習

★ できた問題には、「た」をかこう！★
でき 1 でき 2 でき 3

学習日
月　　日

教科書 上54〜63ページ　答え 12ページ

1 あ〜えの角度は、それぞれ何度ですか。

教科書 58ページ 3

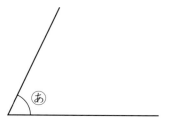
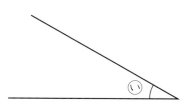
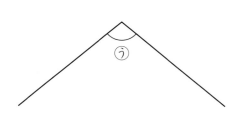
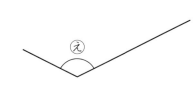

あ（　　　　　　）

い（　　　　　　）

う（　　　　　　）

え（　　　　　　）

2 右の図を見て、次の角度を計算で求めましょう。

教科書 60ページ 5

① 向かい合ったあといの角度

あ（　　　　　　）

い（　　　　　　）

② うの角度

う（　　　　　　）

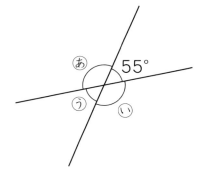

3 あ、いの角度は何度ですか。

教科書 61ページ 4

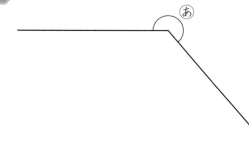
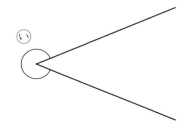

あ（　　　　　　）

い（　　　　　　）

ヒント
1 分度器の0°から180°までのめもりで、角度をはかれます。
え　辺の長さが短いときは、のばしてからはかります。
3 180°より大きい角度なので、くふうしてはかります。

📗 教科書　上 66〜68 ページ　🔁 答え　13 ページ

✏️ 次の ▢ にあてはまる数や記号を書きましょう。

◎めあて　分度器を使って、角や三角形がかけるようにしよう。　　練習 ① ② →

🐾 **40°の角のかき方**

① 分度器の中心を点アに合わせて、0°の線を辺アイに合わせます。

② 40°のめもりのところに点をうちます。

③ 点アと、②でうった点を通る直線を、点をこえてひきます。

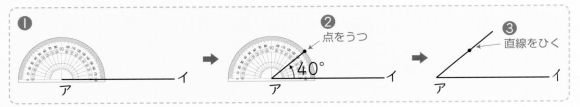

1 下の図のような三角形をかきましょう。

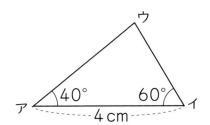

とき方　① 長さ ▢ cm の辺アイをひきます。

② 点アを頂点として、▢ °の角をかきます。

③ 点イを頂点として、▢ °の角をかきます。

④ ②の直線と③の直線の交わった点を点 ▢ とします。

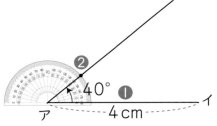

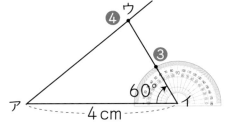

角をかくときも、
分度器の中心や0°の線に
気をつけようね。

めもりは2つあるけど、
0°の線を合わせたほうの
めもりに点をうつんだね。

練習

★ できた問題には、「た」をかこう！★

でき ① 　でき ② 　でき ③

教科書 上 66〜68 ページ ▷ 答え 13 ページ

1 点アを頂点として、次の角をかきましょう。

教科書 66 ページ 5

① 50°

！ まちがい注意

② 245°

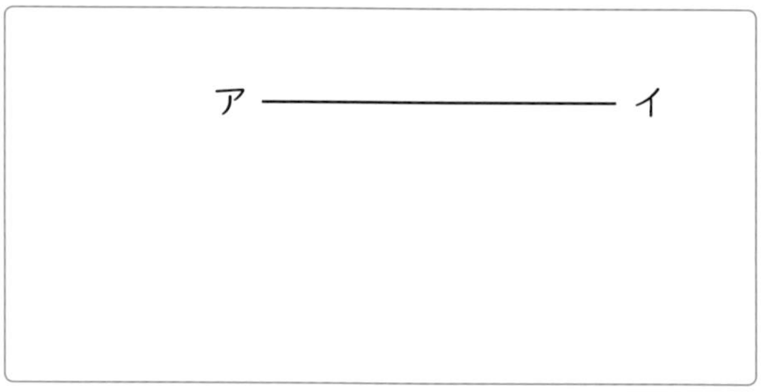

ア ———————— イ

ア ———————— イ

2 下の図のような三角形をかきましょう。

教科書 66 ページ 5

①

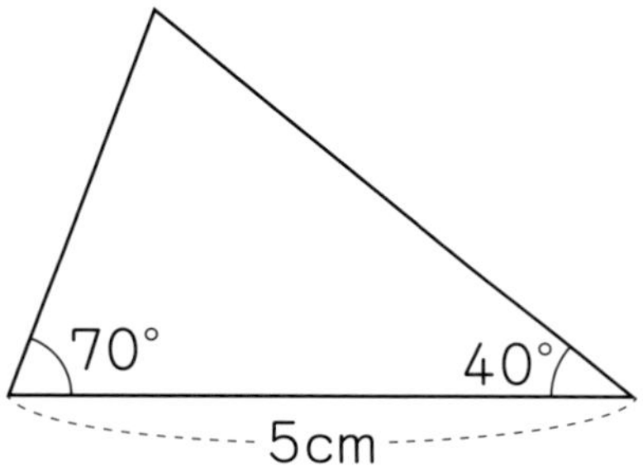

②

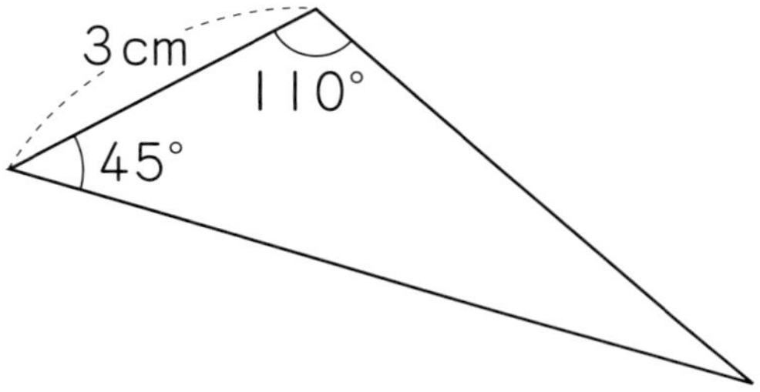

3 三角じょうぎの角度を調べて、□にあてはまる数を書きましょう。

教科書 68 ページ 6

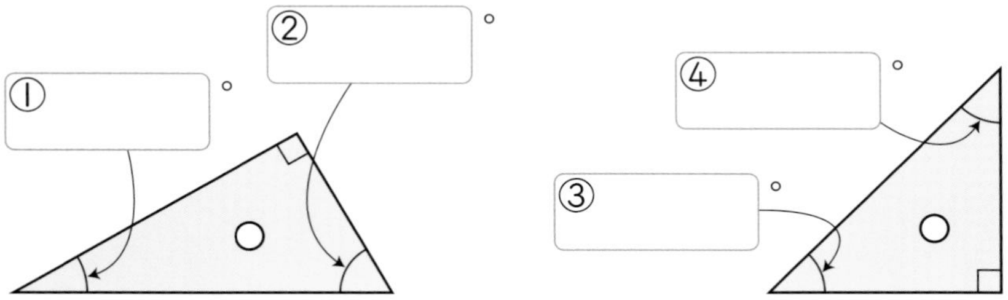

ヒント

1 ②はくふうしてかきましょう。245°＝180°＋65° または、245°＝360°−115° です。

2 ①は長さ 5 cm の辺、②は長さ 3 cm の辺からかきはじめます。

知識・技能　　　　　　　　　　　　　　　　　　　　　　　　　／80点

1 ☐にあてはまる数を書きましょう。　　　　　　　　各5点(20点)

① 半回転の角度……☐直角＝☐°

② １回転の角度……☐直角＝☐°

2 右の図の分度器で、あ、いの角度はそれぞれ何度ですか。　　　　　　各5点(10点)

あ（　　　　　）

い（　　　　　）

3 よく出る 分度器を使って、次の角度をはかりましょう。　　　　各5点(10点)

①　　　　　　　　　　　　　　　　　②

（　　　　　）　　　　　　　　　　（　　　　　）

4 右の図を見て、あといの角度を計算で求めましょう。　　　各5点(10点)

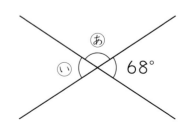

あ（　　　　　）　い（　　　　　）

5 よく出る　分度器を使って、次の角度をはかりましょう。　　各5点(10点)

①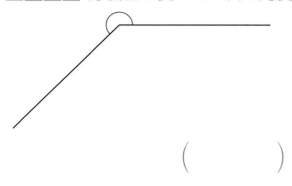

②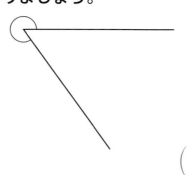

（　　　　　）　　　　　　　　　　（　　　　　）

6 よく出る　次の角をかきましょう。　　各5点(15点)

①　145°　　　　　②　240°　　　　　③　320°

7 よく出る　下の図のような三角形をかきましょう。　　(5点)

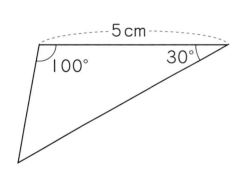

5cm
100°　30°

8　｜組の三角じょうぎを組み合わせてできる、次の角度は何度ですか。　　各10点(20点)

①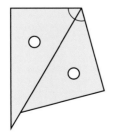

②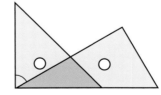

（　　　　　）　　　　　　　　　　（　　　　　）

ふりかえり　　**2** がわからないときは、26 ページの **1** にもどってかくにんしてみよう。

教科書 上72〜76ページ　答え 15ページ

✏ 次の□にあてはまる数やことばを書きましょう。

🎯めあて　0.1 より小さい数の表し方がわかるようにしよう。　練習 ❶❷❸→

0.1 L の $\frac{1}{10}$ を、0.01 L と書き、「れい点れいーリットル」と読みます。

0.01 m の $\frac{1}{10}$ を、0.001 m と書き、「れい点れいれいーメートル」と読みます。

1 次のかさや長さを書きましょう。

(1) 1.7 L と、0.01 L の 3 こ分をあわせたかさ

(2) 1.58 m と、0.001 m の 7 こ分をあわせた長さ

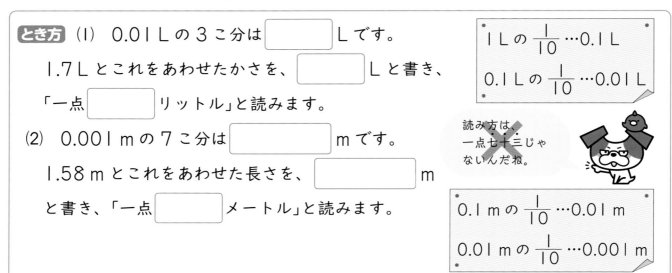

【とき方】(1) 0.01 L の 3 こ分は □ L です。

1.7 L とこれをあわせたかさを、□ L と書き、

「一点□リットル」と読みます。

(2) 0.001 m の 7 こ分は □ m です。

1.58 m とこれをあわせた長さを、□ m

と書き、「一点□メートル」と読みます。

1 L の $\frac{1}{10}$ …0.1 L

0.1 L の $\frac{1}{10}$ …0.01 L

読み方は、一点七十三じゃないんだね。✕

0.1 m の $\frac{1}{10}$ …0.01 m

0.01 m の $\frac{1}{10}$ …0.001 m

2 2 km 648 m を、km 単位(たんい)で表しましょう。

【とき方】600 m、40 m、8 m を、それぞれ km 単位で表します。

2 km ……………… 2 km

600 m …… □ km

40 m …… □ km

8 m …… □ km

2 km 648 m …… □ km

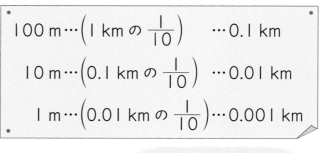

100 m…$\left(1\ km\ の\ \frac{1}{10}\right)$ …0.1 km

10 m…$\left(0.1\ km\ の\ \frac{1}{10}\right)$ …0.01 km

1 m…$\left(0.01\ km\ の\ \frac{1}{10}\right)$ …0.001 km

km と m。小数を使うと、1 つの単位で表せるね。kg と g も…。

教科書　上 72〜76 ページ　　答え　15 ページ

1 □ にあてはまる数を書きましょう。

教科書　73 ページ **1**、75 ページ **2**

① 0.01 L の 4 こ分は □ L です。

また、0.07 L は 0.01 L を □ こ集めたかさです。

② 右の図の水のかさは □ L です。

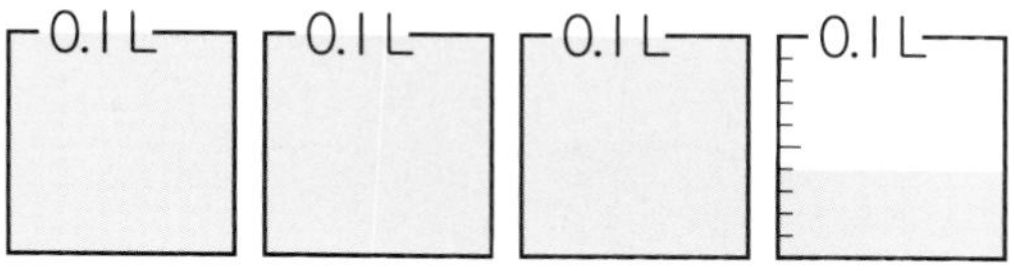

③ 0.001 m の 2 こ分は □ m です。

また、0.009 m は 0.001 m を □ こ集めた長さです。

0.1L　0.1L　0.1L　0.1L

🔍 よくみて

2 下の数直線で㋐、㋑、㋒、㋓のめもりが表す長さは何 m ですか。

教科書　73 ページ **1**、75 ページ **2**

① 0.9　　　　1　　　　1.1　　　　1.2 (m)

㋐　　㋑　　㋒　　　　㋓

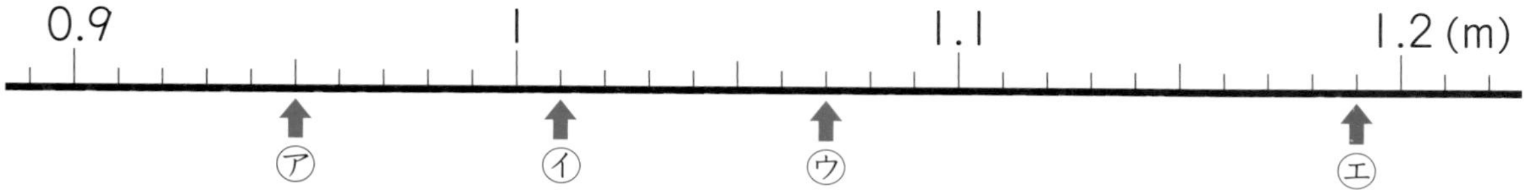

㋐ (　　　　) ㋑ (　　　　) ㋒ (　　　　) ㋓ (　　　　)

② 6.69　　　　6.7　　　　6.71　　　(m)

㋐　㋑　　　　㋒　　㋓

㋐ (　　　　) ㋑ (　　　　) ㋒ (　　　　) ㋓ (　　　　)

3 次の量を、（ ）の中の単位だけを使って表しましょう。

教科書　76 ページ ⑤・⑥

① 1 km 843 m （km）　　② 140 m （km）　　③ 5 m 23 cm （m）

(　　　　)　　　　(　　　　)　　　　(　　　　)

❗まちがい注意

④ 3 kg 50 g （kg）　　⑤ 307 g （kg）　　⑥ 91 g （kg）

(　　　　)　　　　(　　　　)　　　　(　　　　)

ヒント　② ①の 1 めもりは 0.01 m、②の 1 めもりは 0.001 m です。
　　　　③ 10 cm は 0.1 m、1 cm は 0.01 m です。

ぴったり **1**
じゅんび

5 小数のしくみ
② **小数のしくみ**

学習日　　月　　日

教科書　上 77〜81 ページ　　答え　15 ページ

✎ 次の ◯ にあてはまることばや数を書きましょう。

◎めあて 小数の位取りがわかるようにしよう。　　練習 **①→**

$\dfrac{1}{10}$ の位の右の位を順に、$\dfrac{1}{100}$ の位、$\dfrac{1}{1000}$ の位といいます。

また、それぞれ小数第二位、小数第三位ともいいます。

小数も整数と同じように、10 倍、または $\dfrac{1}{10}$ ごとに位をつくって表します。

1 5.273 の $\dfrac{1}{100}$ の位の数字は何ですか。また、3 は何の位の数ですか。

とき方 5.273 の $\dfrac{1}{100}$ の位の数字は ◻ です。

また、3 は ◻ の位の数字です。

◻ が 3 こあることを表しています。

一の位	$\dfrac{1}{10}$の位	$\dfrac{1}{100}$の位	$\dfrac{1}{1000}$の位
5 .	2	7	3

小数点

◎めあて 小数を 10 倍、$\dfrac{1}{10}$ にした数を求められるようにしよう。　　練習 **④→**

小数も整数と同じように、10 倍すると、位は 1 けたずつ上がります。

また、$\dfrac{1}{10}$ にすると、位は 1 けたずつ下がります。

2 0.48 を 10 倍、100 倍、$\dfrac{1}{10}$、$\dfrac{1}{100}$ にした数は、それぞれいくつですか。

とき方 0.48 を 10 倍すると、◻ になり、100 倍すると、位がさらに 1 けたずつ上がり、◻ になります。

0.48 を $\dfrac{1}{10}$ にすると、◻ になり、$\dfrac{1}{100}$ にすると、位がさらに 1 けたずつ下がり、◻ になります。

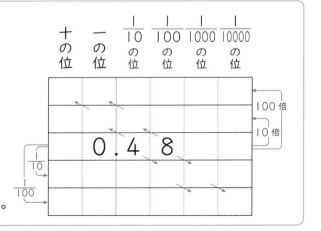

1 □にあてはまる数を書きましょう。　　教科書　77 ページ **1**

① 3.075 は、1 を □ こ、0.1 を □ こ、0.01 を □ こ、0.001 を □ こあわせた数です。

② 6.483 の $\frac{1}{100}$ の位の数字は □ 、 □ の位の数字は 3 です。

2 □にあてはまる不等号を書きましょう。　　教科書　79 ページ **2**

① 3.629 □ 3.64 　　　② 15.201 □ 15.08

3 次の⑦〜⑤の数を、小さい順にならべましょう。　　教科書　79 ページ **2**

⑦ 8.601　　⑦ 8.536　　⑦ 8.533　　⑤ 8.54

8.5　　　　　　　8.55　　　　　　　8.6

（　　　　　　　　　　　）

4 □にあてはまる数を書きましょう。　　教科書　80 ページ **3**

① 0.65 を 10 倍した数は □ 、100 倍した数は □ 、$\frac{1}{10}$ にした数は □ 、$\frac{1}{100}$ にした数は □ です。

② 36 を $\frac{1}{10}$ にした数は □ 、$\frac{1}{100}$ にした数は □ です。

5 次の数は、0.01 を何こ集めた数ですか。　　教科書　81 ページ **4**

① 0.07　　　　　② 0.62　　　　　③ 3.8

（　　　　　　）　　（　　　　　　）　　（　　　　　　）

● ヒント ● ③ 数を数直線に表して、大きさをくらべましょう。
⑤ ②は 0.62 を 0.6 と 0.02 に分けて、③は 3.8 を 3 と 0.8 に分けて考えましょう。

ぴったり1 じゅんび

5 小数のしくみ

③ 小数のたし算とひき算

学習日		
	月	日

教科書　上 82～86 ページ　　答え　16 ページ

✏ 次の ☐ にあてはまる数を書きましょう。

◎めあて 小数のたし算が筆算できるようにしよう。　　練習 ❶➡

🐾 **小数のたし算の筆算**

❶ 位をそろえて書きます。

❷ 整数のたし算と同じように計算します。

❸ 上の小数点にそろえて、和の小数点をうちます。

1 次の計算を、筆算でしましょう。

(1) 4.25＋1.47　　　(2) 3.72＋2.58　　　(3) 4.8＋0.693

とき方 位をそろえて書き、筆算します。

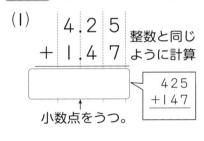

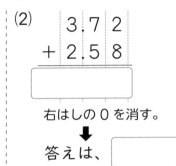

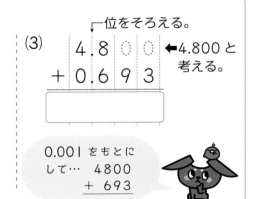

◎めあて 小数のひき算が筆算できるようにしよう。　　練習 ❷➡

🐾 **小数のひき算の筆算**

❶ 位をそろえて書きます。

❷ 整数のひき算と同じように計算します。

❸ 上の小数点にそろえて、差の小数点をうちます。

2 次の計算を、筆算でしましょう。

(1) 4.38－3.92　　　(2) 5.75－0.4　　　(3) 6－0.87

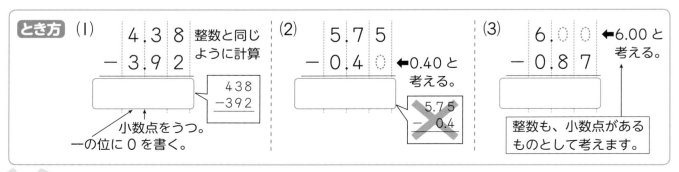

36

練習

★ できた問題には、「た」をかこう！★

でき ① でき ②

教科書 上82〜86ページ　答え 16ページ

1 次の計算をしましょう。④〜⑨は筆算でしましょう。

教科書 82ページ**1**、83ページ**2**

①
$$\begin{array}{r} 3.27 \\ +4.86 \\ \hline \end{array}$$

②
$$\begin{array}{r} 0.93 \\ +0.28 \\ \hline \end{array}$$

③
$$\begin{array}{r} 0.675 \\ +6.382 \\ \hline \end{array}$$

④ $5.43+1.97$

⑤ $0.372+0.058$

⑥ $4.94+12.06$ 〔よくみて〕

⑦ $2.54+3.8$

⑧ $14.8+0.52$

⑨ $18+7.63$

2 次の計算をしましょう。④〜⑨は筆算でしましょう。

教科書 84ページ**3**、85ページ**4**

①
$$\begin{array}{r} 8.36 \\ -6.57 \\ \hline \end{array}$$

②
$$\begin{array}{r} 3.04 \\ -0.28 \\ \hline \end{array}$$

③
$$\begin{array}{r} 14.52 \\ -1.72 \\ \hline \end{array}$$

④ $8.49-4.3$

⑤ $5.242-0.67$

⑥ $10.3-9.51$

⑦ $9-4.74$

⑧ $3-0.065$

⑨ $1-0.028$ 〔まちがい注意〕

 ヒント

① 和の右はしが 0 になったときは、小数点より右のさいごの 0 を消して答えましょう。
② 小数点より右のけた数がちがうときは、0 を書きたしてそろえて考えましょう。

⑤ 小数のしくみ

教科書 上 72〜89 ページ ⟩ ▣▶答え 17 ページ

知識・技能 ／82点

① 次の量を、（ ）の中の単位だけを使って表しましょう。 各3点(9点)

① 4 kg 250 g （kg） ② 2605 m （km） ③ 1 m 46 cm （m）

( ) ( ) ( )

② 1.852 という数について答えましょう。 ②は全部できて 1問3点(6点)

① $\frac{1}{100}$ の位の数字は何ですか。

( )

② 2 は何の位の数字ですか。また、何が 2 こあることを表していますか。

( ) の位 ( )

③ ☐ にあてはまる不等号を書きましょう。 各3点(12点)

① 2 ☐ 1.999 ② 6.708 ☐ 6.71

③ 8.421 ☐ 8.386 ④ 81.07 ☐ 81.065

④ よく出る ☐ にあてはまる数を書きましょう。 各2点(8点)

① 0.083 を 10 倍すると ☐ 、100 倍すると ☐ になります。

② 7.6 を $\frac{1}{10}$ にすると ☐ 、$\frac{1}{100}$ にすると ☐ になります。

⑤ 下の数直線の ↑ のめもりが表す数を ☐ に書きましょう。また、その数は 0.01 を何こ集めた数ですか。 各3点(6点)

```
   9                                    10
   |↑                                    |
```

☐ ( )

6 よく出る 次の計算を、筆算でしましょう。
　　　　　　　　　　　　　　　　　　　　　　　各4点（32点）

① 24.57＋1.68　　② 0.064＋0.136　　③ 6.5＋0.543

④ 7.45－6.89　　⑤ 5.2－0.38　　⑥ 23－0.84

⑦ 12.6＋4.83－14.35　　⑧ 7－5.85－0.15

7 2.36 という数について答えましょう。
②①は全部できて　1問3点（9点）
① 2.36 を表すめもりに↑をかきましょう。

2　　　　　　　　　　　2.5

② ☐にあてはまる数を書きましょう。

　㋐ 2.36 は 2.4 より ☐ 小さい数です。

　㋑ 2.36 は 1 を ☐ こ、0.1 を ☐ こ、

　　0.01 を ☐ こあわせた数です。

思考・判断・表現　　　　　　　　　　　　　／18点

8 次の筆算はまちがっています。その理由を説明し、正しい答えを求めましょう。
全部できて　1問6点（12点）

①　　4.26　　説明
　　＋35.8　　（　　　　　　　　　　）
　　───
　　78.4

正しい答え（　　　　　　　　）

②　　5.3　　説明
　　－1.72　　（　　　　　　　　　　）
　　───
　　3.62

正しい答え（　　　　　　　　）

9 10.45－7.82 の答えは、1045－782＝263 をもとにして求められます。
　その理由を説明しましょう。
　　　　　　　　　　　　　　　　　　　　　　　（6点）

説明（
　　　　　　　　　　　　　　　　　　　　　　　）

ふろくの「計算せんもんドリル」10〜13 もやってみよう！

ふりかえり **1**②がわからないときは、32 ページの **2** にもどってかくにんしてみよう。

ちがいに注目して

1 けんたさんとはるかさんは、50 まいの色紙を 2 人で分けて、つるを折ります。
はるかさんのまい数のほうが、6 まい多くなるようにします。それぞれの色紙の
数は何まいになりますか。

　　　◻ にあてはまる数を書きましょう。

① 50 まいの色紙を 2 人で分けた後の様子を、図に表します。

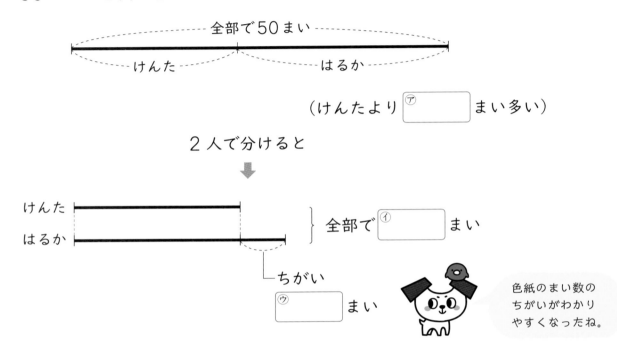

全部で50まい

けんた　　　はるか

（けんたより ⑦◻ まい多い）

2 人で分けると

⬇

けんた
はるか

｝全部で ①◻ まい

ちがい

⑦◻ まい

色紙のまい数の
ちがいがわかり
やすくなったね。

② 上の図を使って、それぞれの色紙のまい数を求めます。

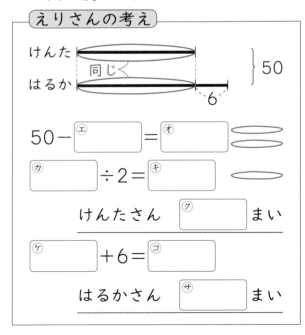

えりさんの考え

けんた
はるか　同じ　6
｝50

$50 - $ ⯀ ⑤ $= $ ⯀ ⑦

⯀ ⑥ $\div 2 = $ ⯀ ④

けんたさん ⯀ ⑦ まい

⯀ ⑦ $+ 6 = $ ⯀ ⑩

はるかさん ⯀ ⑪ まい

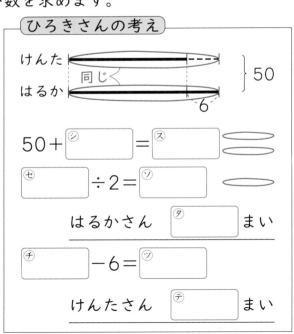

ひろきさんの考え

けんた
はるか　同じ　6
｝50

$50 + $ ⯀ ⑫ $= $ ⯀ ⑬

⯀ ⑭ $\div 2 = $ ⯀ ⑮

はるかさん ⯀ ⑯ まい

⯀ ⑰ $- 6 = $ ⯀ ⑱

けんたさん ⯀ ⑲ まい

⭐**2** おはじきが 80 こあります。ゆかさんとえみさんの 2 人で分けます。

えみさんのこ数のほうが、16 こ多くなるように分けると、それぞれのおはじきの数は何こになりますか。

① 80 このおはじきを 2 人で分けた後の様子を、図に表します。

　　□にあてはまる数を書いて、図を完成させましょう。

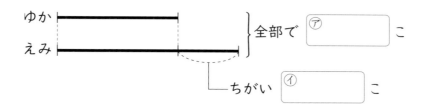

② ⭐**1**の「えりさんの考え」で、それぞれのおはじきのこ数を求めましょう。

式

答え（ゆかさん ＿＿＿＿＿ こ、えみさん ＿＿＿＿＿ こ）

③ ⭐**1**の「ひろきさんの考え」で、それぞれのおはじきのこ数を求めましょう。

式

答え（えみさん ＿＿＿＿＿ こ、ゆかさん ＿＿＿＿＿ こ）

⭐**3** 右のように、210 cm のリボンを 3 本に切りました。

3 本のリボンは 20 cm ずつ長さがちがっています。

3 本のリボンの長さは、それぞれ何 cm ですか。

図を完成させて、求めましょう。

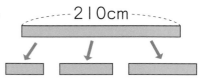

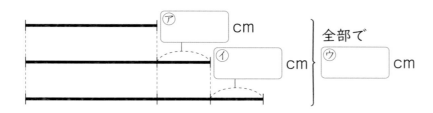

式

答え（　　　　　　　　　　　　　　　　　　　）

そろばん

1 それぞれのそろばんのいちばん右にある定位点を一の位として、そろばんにおかれた数を数字で書きましょう。

①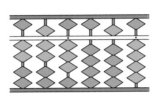

（　　　　　　　）

②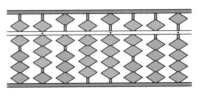

（　　　　　　　）

③

（　　　　　　　）

そろばんで小数を表すには、一の位として決めた定位点の右を $\frac{1}{10}$ の位とするよ。

2 そろばんを使って計算をします。□にあてはまる数を書きましょう。

① 9.35＋2.4

大きい位の数から計算します。

9.35を入れる。

2.4の2をたす。

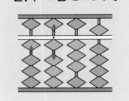

➡

2.4の0.4をたす。

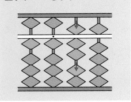

答え ㋐ □

㋐ □ を取って、
㋑ □ を入れます。

五だまを入れて、
一だまを ㋒ □ こ取ります。

② 6＋3.8

6を入れる。

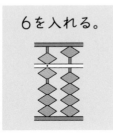

3.8の3をたす。

➡

3.8の0.8をたす。

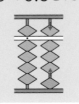

答え □

3 そろばんを使って計算をしましょう。

① 7.3＋1.2

② 2.46＋3.5

③ 5.8＋4.21

④ 4＋8.6

⑤ 3＋9.9

⑥ 6兆＋2兆

 4 そろばんを使って計算をします。◻にあてはまる数を書きましょう。

① 9.37－2.1

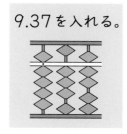

9.37を入れる。 2.1の2をひく。 2.1の0.1をひく。

答え ◻

② 6－3.8

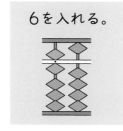

6を入れる。 3.8の3をひく。 3.8の0.8をひく。

答え ㋔ ◻

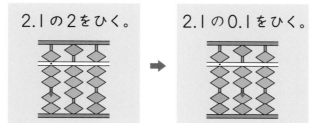
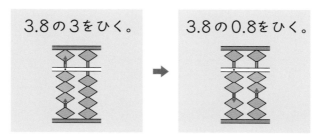

㋐ ◻ を入れて、 ㋒ ◻ を取って、

㋑ ◻ を取ります。 ㋓ ◻ を入れます。

 5 そろばんを使って計算をしましょう。

① 4.8－1.3

② 7.92－2.6

③ 5.4－3.27

④ 9－5.1

⑤ 8－7.2

⑥ 47億－16億

この本の終わりにある「夏のチャレンジテスト」をやってみよう！

⑥ わり算の筆算(2)

① **何十でわる計算**

3分でまとめ

📖教科書　上 94〜96 ページ　➡答え　20 ページ

✏ 次の □ にあてはまる数を書きましょう。

🎯**めあて** 何十でわる計算ができるようにしよう。　練習 ①→

10 をもとにして考えると、90÷30 の商は、9÷3 の計算で求められます。

90÷30＝3 ⎫ 等しい
9 ÷3 ＝3 ⎭

1 色紙が 160 まいあります。この色紙を 1 人に 40 まいずつ分けると、何人に分けられますか。

とき方 10 のたばで考えます。

160 まいの色紙は、10 のたばが ①□ たばです。

また、1 人分の色紙は 40 まいなので、10 のたばが ②□ たばになります。

だから、160÷40 の答えは、16÷③□ の答えと等しくなります。

16÷④□ ＝⑤□ ➡ 160÷40＝⑥□

答え ⑦□ 人

🎯**めあて** 何十でわるとあまりが出る計算ができるようにしよう。　練習 ②③→

10 をもとにして考えると、50÷20 の計算は、

5÷2＝2 あまり 1

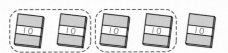

になりますが、あまりの 1 は、10 が 1 こなので、次のように書きます。

50÷20＝2 あまり 10

2 230÷50 の計算をしましょう。

とき方 10 をもとにして考えると、

23÷□＝4 あまり 3

になります。

あまりは 10 が 3 こなので、□ になります。

230÷50＝□ あまり □

商は、10 をもとにした計算と同じでいいね。でも、あまりの大きさには注意しよう。

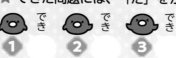

★ できた問題には、「た」をかこう！★

 でき ① でき ② でき ③

教科書 上 94〜96 ページ 答え 20 ページ

1 次の計算をしましょう。

教科書 95 ページ **1**

① $80 \div 20$ ② $120 \div 40$ ③ $140 \div 70$

④ $180 \div 30$ ⑤ $320 \div 80$ ⑥ $420 \div 60$

⑦ $560 \div 70$ ⑧ $630 \div 90$ ⑨ $300 \div 50$

2 次の計算をしましょう。

教科書 95 ページ **1**

① $70 \div 20$ ② $90 \div 60$ ③ $100 \div 30$

④ $190 \div 40$ ⑤ $740 \div 90$ ⑥ $480 \div 50$

⑦ $530 \div 60$ ⑧ $630 \div 80$ ⑨ $400 \div 70$

3 次の計算はまちがっています。正しい答えを求めましょう。

教科書 95 ページ **1**

① $340 \div 70 = 4$ あまり 6 ② $360 \div 70 = 4$ あまり 80

(   )   (   )

ヒント
2 10 をもとにしてわり算をします。このとき、あまりも 10 のこ数です。
3 ② あまりはわる数より小さくします。

ぴったり1
じゅんび

6 わり算の筆算(2)

② 2けたの数でわる筆算(1)

教科書　上 97〜103 ページ　　答え　20 ページ

 次の◯◯にあてはまる数を書きましょう。

◎めあて　2けたの数でわる筆算ができるようにしよう。

練習 ①②③④⑤→

わる数を何十とみて、商の見当をつけます。　←わる数に近い何十の数

見当をつけた商のことを、「かりの商」といいます。

1 次の計算を、筆算でしましょう。

(1) 93÷31　　(2) 46÷12　　(3) 74÷18　　(4) 132÷25

とき方 (1) 31 を 30 とみて、商の見当をつけて、かりの商をたてます。

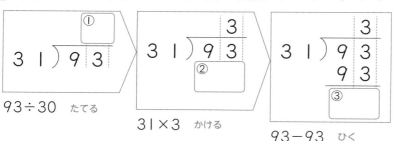

93÷30　たてる　　31×3　かける　　93−93　ひく

かりの商が正しい商になっていたね。

(2) 12 を 10 とみて、46÷10 と考えて、かりの商をたてます。

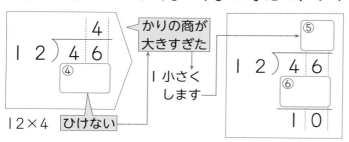

12×4　ひけない

2 小さくすることもあるよ。

(3) 18 を 20 とみて、74÷20 と考えて、かりの商をたてます。

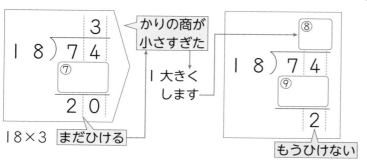

18×3　まだひける

あまり＜わる数に気をつけましょう。

(4) わられる数が 3 けたでも、同じように筆算できます。

わる数の 25 を 20 とみるか 30 とみるかで、2 とおりのしかたがあります。

20 とみると、右のようになります。

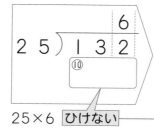

25×6　ひけない

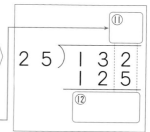

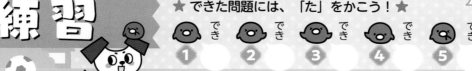

ぴったり **2**
練 習

★ できた問題には、「た」をかこう！★
でき ① でき ② でき ③ でき ④ でき ⑤

学習日　月　日

教科書　上 97〜103 ページ　答え　20 ページ

1 次の計算をしましょう。　　　　　　　教科書 97 ページ **1**

① $32 \overline{)64}$　　　② $24 \overline{)72}$　　　③ $23 \overline{)92}$

2 次の計算をして、けん算もしましょう。　　教科書 99 ページ **2**

① $42 \overline{)87}$　　　　② $21 \overline{)73}$

けん算 (　　　　　　　　　)　　けん算 (　　　　　　　　　)

3 次の計算をしましょう。　　教科書 100 ページ **3**、101 ページ **4**

① $24 \overline{)83}$　　　② $18 \overline{)91}$　　　③ $13 \overline{)60}$

4 次の計算をしましょう。　　　　　　　教科書 102 ページ **5**

① $15 \overline{)65}$　　　② $26 \overline{)84}$　　　③ $34 \overline{)92}$

5 次の計算をしましょう。　　　　　　　教科書 103 ページ **6**

① $32 \overline{)260}$　　　② $57 \overline{)527}$　　　③ $83 \overline{)652}$

ヒント　**1 2** わられる数とわる数の両方を何十の数とみて、商の見当をつけてもいいです。
　　　　4 ① 15 を 10 とみても 20 とみてもいいです。いいと思う方法でやってみましょう。

47

③ 2けたの数でわる筆算(2)

教科書 上 104〜106 ページ　答え 21 ページ

✏ 次の□にあてはまる数を書きましょう。

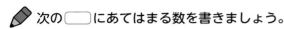

◎めあて 商が1けたや2けたになるわり算ができるようにしよう。

練習 ① ② ③ →

　わられる数のいちばん大きい位の数が、わる数より小さいときは、次の位の数までふくめた数で計算を始めます。

1 次の計算を、筆算でしましょう。

(1)　465÷32　　　(2)　553÷18　　　(3)　617÷178

とき方　(1)、(2)は、わられる数の十の位までふくめた数で計算を始めます。

(1)
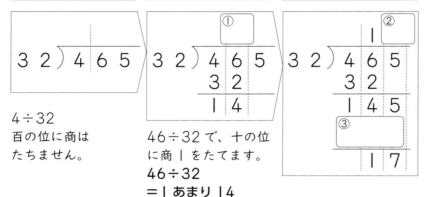

| 百の位の計算 | 十の位の計算 | 一の位の計算 |

4÷32
百の位に商は
たちません。

46÷32で、十の位
に商1をたてます。
46÷32
=1あまり14

5をおろします。
145÷32で、一の位に
商4をたてます。
145÷32=4あまり17

(2)
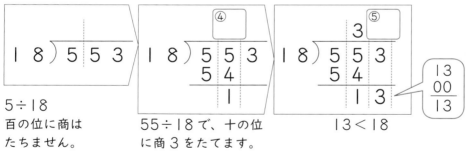

| 百の位の計算 | 十の位の計算 | 一の位の計算 |

5÷18
百の位に商は
たちません。

55÷18で、十の位
に商3をたてます。

13<18

商の一の位に
0を書きわすれ
ないようにしよう。

(3)　わる数が3けたになっても、筆算のしかたは同じです。

　わる数の178を200とみて、かりの商をたてます。

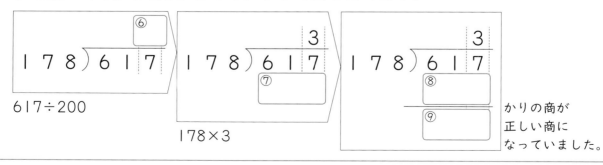

617÷200

178×3

かりの商が
正しい商に
なっていました。

練習

★ できた問題には、「た」をかこう！★

でき ① でき ② でき ③

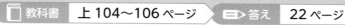

教科書 上104～106ページ ⟩ 答え 22ページ

1 次の計算を、筆算でしましょう。　教科書 104ページ **1**

① 848÷49　　② 791÷28　　③ 996÷42

④ 851÷25　　⑤ 673÷34　　⑥ 656÷16

2 次の計算を、筆算でしましょう。　教科書 106ページ **2**

① 893÷43　　② 922÷13　　③ 760÷19

3 次の計算を、筆算でしましょう。　教科書 106ページ **3**

① 378÷126　　② 825÷273　　③ 930÷320

ヒント ① わられる数の上から2けたとわる数をくらべて、かりの商を考えます。
② 商に0がたちますが、0を書きわすれないようにしましょう。

49

④ **わり算のせいしつ**

📖 教科書　上 107〜108 ページ　　📄 答え　22 ページ

✏️ 次の □ にあてはまる数を書きましょう。

🎯**めあて**　わり算のせいしつを使って、くふうしてわり算ができるようにしよう。　練習 **①② ③ →**

⭐ わり算では、わられる数とわる数に同じ数をかけても、商は変わりません。

⭐ わられる数とわる数を同じ数でわっても、商は変わりません。

1 わり算のせいしつを使って、くふうして計算しましょう。
(1)　480÷80
(2)　300÷25

とき方 かんたんな計算で商が求められるようにくふうします。

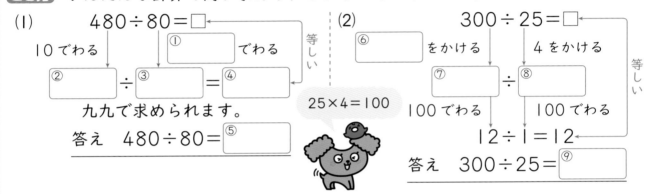

(1)　　480÷80＝□
10 でわる　　① □ でわる
② □ ÷③ □ ＝④ □
九九で求められます。
答え　480÷80＝⑤ □

(2)　　300÷25＝□
⑥ □ をかける　4 をかける
⑦ □ ÷⑧ □
100 でわる　　100 でわる
12÷1＝12
答え　300÷25＝⑨ □

25×4＝100

🎯**めあて**　0 を消したわり算で、正しく答えが求められるようにしよう。　練習 **④ ⑤ →**

⭐ 終わりに 0 のある数のわり算は、わる数の 0 とわられる数の 0 を、同じ数ずつ消してから計算することができます。

⭐ 0 を消したわり算で、あまりを求めるときは、消した 0 の数だけあまりに 0 をつけます。

5200÷800 の計算は、100 をもとにして考えると、52÷8＝6 あまり 4 あまりの 4 は 100 が 4 こあるということだよ。

2 次の計算を筆算でして、答えも書きましょう。
(1)　54000÷600
(2)　3200÷700

とき方

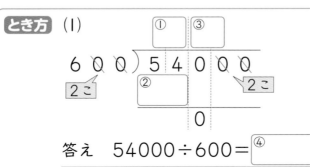

(1)　① □ ③ □
600)54000
2こ　② □ 2こ
0
答え　54000÷600＝④ □

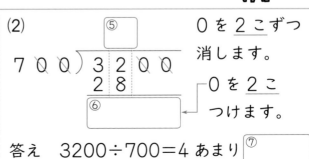

(2)　⑤ □
700)3200
28
⑥ □
答え　3200÷700＝4 あまり ⑦ □

0 を 2 こずつ消します。
0 を 2 こつけます。

★ できた問題には、「た」をかこう！★

でき① でき② でき③ でき④ でき⑤

教科書 上107〜108ページ　答え 22ページ

1 280÷40 と商が等しい式はどれですか。全部答えましょう。

教科書 107ページ **1**

あ　28÷4　　　　　い　280÷4
う　140÷20　　　え　2800÷400

(　　　　　　　)

2 商が 6 になるわり算の式を、3 つ書きましょう。

教科書 107ページ **1**

(　　　　) (　　　　　　　) (　　　　)

3 わり算のせいしつを使って、くふうして計算しましょう。

教科書 107ページ **1**

①　240÷60　　　②　630÷70　　　③　70÷14

④　90÷15　　　⑤　360÷45　　　⑥　400÷25

4 次の計算を、筆算でしましょう。

教科書 108ページ **2**

①　5600÷80　　　②　8400÷300　　　③　5200÷650

5 次の計算を、筆算でしましょう。

教科書 108ページ **3**

①　350÷20　　　②　2800÷540　　　③　5000÷400

● ヒント　**1** 商を求めなくても、わり算のせいしつでわかります。
3 ⑤　わられる数とわる数を 9 でわります。⑥　わられる数とわる数に 4 をかけます。

ぴったり3 たしかめのテスト

6 わり算の筆算(2)

教科書 上 94〜111 ページ　答え 23 ページ

知識・技能 　／65点

1 次の計算をしましょう。　各4点(12点)

① 450÷90　　② 70÷30　　③ 600÷80

2 よく出る 次の計算を、筆算でしましょう。　各4点(36点)

① 76÷32　　② 83÷23　　③ 91÷17

④ 395÷58　　⑤ 282÷44　　⑥ 160÷35

⑦ 658÷24　　⑧ 782÷46　　⑨ 587÷19

3 420÷60 と商が等しい式はどれですか。全部答えましょう。　全部できて 5点

あ 42÷6　　　い 4200÷60

う 420÷6　　え 840÷120

(　　　　　)

4 よく出る 次の計算を、筆算でしましょう。　　　　各4点(12点)

① 180000÷400　　② 870÷70　　③ 6000÷900

思考・判断・表現　　　　　　　　　　　　　　　　　　　　　／35点

5 みくさんは、62÷15 の商を筆算で求めようとしています。

みくさんのかりの商 3 のたて方を説明しましょう。

また、かりの商の大きさを調整した結果の、正しい筆算を書きましょう。

各5点(10点)

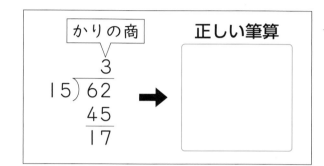

| かりの商 | 正しい筆算 |

```
        3
  15)62
      45
      17
```

説明 (　　　　　　　　　　　　　　　　　　　　)

6 よく出る 右のわり算で、商が 10 より小さくなるのは、□ がどんな数字のときですか。全部答えましょう。　全部できて　5点

83)8□7

(　　　　　　　　　　　　)

7 折り紙が 700 まいあります。この折り紙を 32 人に同じ数ずつ配ります。

1 人に何まいずつ配れて、何まいあまりますか。　　式・答え　各5点(10点)

式

答え (　　　　　　　　　　　　)

できたらスゴイ！

8 ある数を 26 でわったら、商が 29 で、あまりは 10 になりました。

この数を 42 でわると、答えはどうなりますか。　式・答え　各5点(10点)

式

答え (　　　　　　　　　　　　)

ふりかえり　❶①がわからないときは、44 ページの❶にもどってかくにんしてみよう。

ふろくの「計算せんもんドリル」14～19もやってみよう！

教科書 上112〜117ページ　答え 24ページ

✎ 次の □ にあてはまる数を書きましょう。

◎めあて 倍の見方がわかるようにしよう。　練習 ① ④→

9 kg の 4 倍が 36 kg というのは、
9 kg を 1 とみたとき、
36 kg が 4 にあたることを表しています。

> もとにする大きさを 1 とみたとき、くらべられる大きさがどれだけにあたるかを表した数を、割合というよ。

1 とおるさんの体重は 36 kg で、かっているイヌの体重は 9 kg です。
とおるさんの体重は、イヌの体重の何倍ですか。

とき方 図に表すと、右のようになります。

36 ÷ □ = □

答え □ 倍

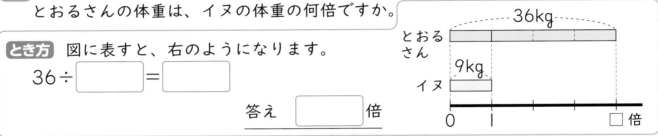

◎めあて くらべられる大きさや、1にあたる大きさが求められるようにしよう。　練習 ② ③→

★80 円を 1 とみたとき、5 にあたる大きさは 400 円です。
★42 m を 7 とみたとき、1 にあたる大きさは 6 m です。

2 消しゴムのねだんは 80 円で、筆箱のねだんは、消しゴムのねだんの 5 倍です。
筆箱のねだんはいくらですか。

とき方 80 円を 1 とみると、筆箱のねだんは
5 にあたる大きさです。

80 × □ = □

答え □ 円

3 つなひき用ロープの長さは、大なわとび用ロープの長さの 7 倍で、42 m です。
大なわとび用ロープの長さは、何 m ですか。

とき方 1 とみる大きさを □ m とすると、

□ × □ = 42

□ = 42 ÷ □

= □　答え □ m

> かけ算の式なら表しやすいね。

ぴったり2

練習

学習日　　月　　日

★できた問題には、「た」をかこう！★

でき 1　でき 2　でき 3　でき 4

教科書 上112～117ページ　答え 24ページ

1 赤いリボンの長さは48cmで、白いリボンの長さは6cmです。

教科書 112ページ 1

① 赤いリボンの長さは、白いリボンの長さの何倍ですか。

式

答え (　　　　)

② 6cmを1とみたとき、48cmはいくつにあたりますか。

(　　　　)

2 ゆうまさんの身長は130cmで、さくらの木の高さはゆうまさんの身長の4倍です。さくらの木の高さは、何cmですか。

教科書 114ページ 2

式

答え (　　　　)

3 箱に入っているクッキーの数は、ふくろに入っているクッキーの数の3倍で、72こです。

教科書 115ページ 3

① ふくろに入っているクッキーの数を□ことして、かけ算の式で表しましょう。

(　　　　)

② ふくろに入っているクッキーの数を求めましょう。

(　　　　)

4 ある子ネコと子イヌの生まれたときの体重と1か月後の体重は、次のようにふえました。

体重のふえ方が大きいといえるのは、どちらですか。

教科書 116ページ 4

子ネコ　80g ⟶ 560g　　子イヌ　120g ⟶ 600g

式

答え (　　　　)

ヒント

2 くらべられる数を求めるには、かけ算を使います。

4 それぞれ、1か月後の体重が、生まれたときの体重の何倍になるかを求めましょう。

● 倍の見方

教科書 上112〜117ページ　　答え 25ページ

知識・技能　　　　　　　　　　　　　　　　　　　　／30点

1 ポールの高さは 8 m で、木の高さは、ポールの高さの 2 倍です。

②は全部できて　1問5点(15点)

① ポールと木の関係を表している図はどれですか。

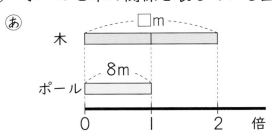

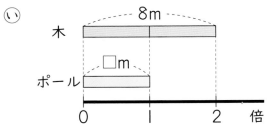

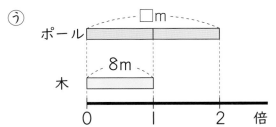

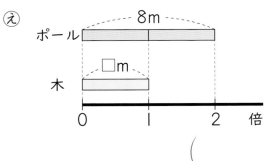

（　　　　　　　）

② □ にあてはまることばを書きましょう。

　[　　　　　] の高さを 1 とみたとき、[　　　　　] の高さは 2 にあたる。

③ 木の高さを求める式はどれですか。

　あ 8＋2　　い 8－2　　う 8×2　　え 8÷2

（　　　　　　　）

2 青いテープの長さは、赤いテープの長さの 8 倍で、160 cm です。

①は全部できて　1問5点(15点)

① 1 とみる長さと 8 にあたる長さは、それぞれどちらのテープですか。

　　　1 とみる長さ（　　　　　　　）　　8 にあたる長さ（　　　　　　　）

② 赤いテープの長さを □ cm として、かけ算の式で表しましょう。

（　　　　　　　）

③ □ にあてはまる数を求めましょう。

（　　　　　　　）

思考・判断・表現　　　　　　　　　　　　　　　　　　　／70点

3 よく出る　港に、長さ 68 m の船と、長さ 4 m のボートがとまっています。
船の長さは、ボートの長さの何倍ですか。　　　　式・答え　各8点(16点)

式

答え（　　　　　　　）

4 よく出る　レモンの重さは 150 g で、メロンの重さは、レモンの重さの 8 倍です。
メロンの重さは何 g ですか。　　　　式・答え　各8点(16点)

式

答え（　　　　　　　）

5 ピザのねだんは、フライドチキンのねだんの 5 倍で、950 円です。
フライドチキンのねだんは何円ですか。
フライドチキンのねだんを□円として、かけ算の式で表して求めましょう。

式・答え　各8点(16点)

式

答え（　　　　　　　）

6 **50 年前と今のえん筆と牛にゅうのねだんを調べたら、下のようになりました。**

えん筆（1 本）	牛にゅう（1 本 180 mL）
50 年前　　今 20 円 → 120 円	50 年前　　今 25 円 → 125 円

②は全部できて　1問11点(22点)

① 　[　　　]にあてはまることばを書きましょう。
　ねだんの上がり方をくらべるときは、50 年前のねだんを 1 とみたときの今のね
だんの [　　　　　] を求めればよい。

② 　ねだんの上がり方が大きいのはどちらですか。

式

答え（　　　　　　　）

ふりかえり　❶がわからないときは、54 ページの❷にもどってかくにんしてみよう。

7 がい数の表し方と使い方

① **およその数の表し方－1**

教科書　上 118〜121 ページ　　答え　25 ページ

✏️ 次の ☐ にあてはまる数を書きましょう。

🎯 **めあて** がい数の表し方がわかるようにしよう。　　　練習 ①➡

☆およそ 30000 のことを「約 30000」ともいいます。

☆およその数のことを**がい数**といいます。

1 42356 人、48172 人はそれぞれ約何万人と
いえばよいですか。がい数で表しましょう。

エー A町の人口	42356 人
ビー B町の人口	48172 人

とき方 下の数直線を見て考えます。

```
   40000      42356              48172  50000
                ↓                  ↓
```

42356 は 40000 に近いので、42356 人は、約 ☐ 人とします。

48172 は 50000 に近いので、48172 人は、約 ☐ 人とします。

🎯 **めあて** 四捨五入の方法を使って、がい数で表せるようにしよう。　　練習 ②③④➡

40000 と 50000 の間の数を「約何万」とがい数で表すとき、

千の位の数字が、0、1、2、3、4 のときは、約 40000、

5、6、7、8、9 のときは、約 50000

とします。このような方法を**四捨五入**といいます。

2 次の数の千の位の数字を四捨五入して、約何万とがい数で表しましょう。
(1) 26153　　　　　(2) 164562　　　　　(3) 398245

とき方 (1)　千の位の数字は ☐ なので、

約 ☐ になります。

(2)　千の位の数字は ☐ なので、

約 ☐ になります。

次のように書くことも
あるよ。
3
26153　約 30000
164562
　　　約 160000

(3)　千の位の数字は ☐ なので、約 ☐ になります。

39 から 1 ふえる

★ できた問題には、「た」をかこう！★

でき① でき② でき③ でき④

教科書　上 118〜121 ページ　答え　25 ページ

1 次の数は、約何千といえばよいですか。次の ☐ にあてはまる数を、数直線にある数を使って書きましょう。
教科書 119ページ **1**

```
       6375         6802
6000    ↓            ↓        7000
 |------------------------------|
```

① 6375 は、7000 より ⑦ ☐ に近いので、約 ⑦ ☐ といえます。

② 6802 は、⑦ ☐ より 7000 に近いので、約 ⑦ ☐ といえます。

2 次の数の百の位の数字を四捨五入して、約何千とがい数で表しましょう。
教科書 120ページ **2**

① 1342 　　　② 1756 　　　③ 4452

（　　　　） 　　　（　　　　） 　　　（　　　　）

3 次の数の千の位の数字を四捨五入して、約何万とがい数で表しましょう。
教科書 120ページ **2**

① 43610 　　　② 18784 　　　③ 295064

（　　　　） 　　　（　　　　） 　　　（　　　　）

4 千の位の数字を四捨五入してがい数にすると、もとの数より小さくなる数、もとの数より大きくなる数を、下の ☐☐☐ の中からそれぞれ全部選び、記号で答えましょう。
教科書 120ページ **2**

```
ⓐ 38025      ⓘ 43976      ⓤ 85000
ⓔ 124588     ⓞ 160998     ⓚ 206000
```

小さくなる数（　　　　　　　） 　　大きくなる数（　　　　　　　）

●ヒント●　❶ 6000 と 7000 のどちらに近いかを見ます。
　　　　　　❹ 千の位の数字が 0、1、2、3、4 のときと、5、6、7、8、9 のときで、ちがいます。

7 がい数の表し方と使い方

① **およその数の表し方－2**

教科書　上 122〜125 ページ　答え　26 ページ

✎ 次の □ にあてはまる数やことばを書きましょう。

🎯めあて 四捨五入してがい数にするいくつかの方法がわかるようにしよう。 練習 ① ② ③ ④ →

★四捨五入して一万の位までのがい数にするには、
　1つ下の位の、千の位で四捨五入します。

★四捨五入して上から1けたのがい数にするには、
　1つ下の位の、上から2けためで四捨五入します。

例 上から1けたのがい数

2 5 4 8 3 7
↓
3 0 0 0 0 0

上から ① ② ③ ④ ⑤ ⑥

1 678135 を四捨五入して、次のがい数にしましょう。
(1)　一万の位までのがい数　　　　(2)　千の位までのがい数

とき方 (1) □ の位で四捨五入して、□ です。

(2) □ の位で四捨五入して、□ です。

2 3264 を四捨五入して、次のがい数にしましょう。
(1)　上から1けたのがい数　　　　(2)　上から2けたのがい数

とき方 (1)　上から □ けためで四捨五入して、□ です。

(2)　上から □ けためで四捨五入して、□ です。

🎯めあて 四捨五入する前の、もとの数のはんいがわかるようにしよう。 練習 ⑤ →

★一の位で四捨五入して 170 km になる長さのはんいの
　ことを、「165 km 以上 175 km 未満」といいます。

★165 km 以上…165 km と等しいか、それより長い

★175 km 未満…175 km より短い（175 km は入らない）

★175 km 以下…175 km と等しいか、それより短い

165　　　170　　　175

170 になるはんい

3　四捨五入して、十の位までのがい数にすると 90 になる整数のうち、いちばん小さい数といちばん大きい数はいくつですか。

とき方

85　　　90　　　95

90 になるはんい　入らない

いちばん小さい数は □ 、

いちばん大きい数は □ です。

1 次の数を四捨五入して、一万の位までのがい数にしましょう。　教科書 122ページ ❸
① 50827　　② 406132　　③ 247690

(　　　)　　(　　　)　　(　　　)

2 次の数を四捨五入して、千の位までのがい数にしましょう。　教科書 122ページ ❸
① 38425　　② 146853　　③ 9721

(　　　)　　(　　　)　　(　　　)

3 次の数を四捨五入して、上から 1 けたのがい数にしましょう。　教科書 123ページ ❹
① 137965　　② 394127

(　　　)　　(　　　)

③ 45200　　④ 50800

(　　　)　　(　　　)

4 次の数を四捨五入して、上から 2 けたのがい数にしましょう。　教科書 123ページ ❹
① 384301　　② 12098

(　　　)　　(　　　)

③ 27500　　④ 89600　まちがい注意

(　　　)　　(　　　)

5 四捨五入して、十の位までのがい数にすると 140 になる整数のうち、いちばん小さい数といちばん大きい数はいくつですか。　教科書 124ページ ❺

130　135　140　145　150

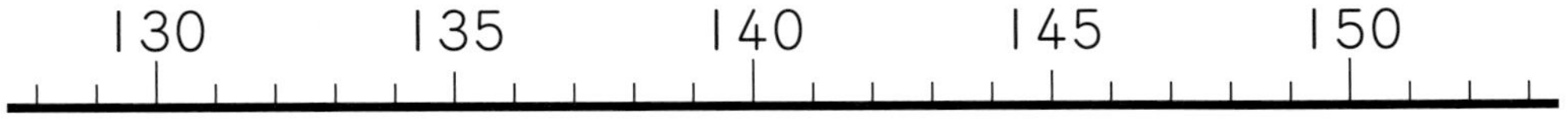

いちばん小さい数 (　　　)　いちばん大きい数 (　　　)

ヒント
❷ 千の位までのがい数にするので、百の位で四捨五入します。
❹ 上から 2 けたのがい数にするので、上から 3 けためで四捨五入します。

61

ぴったり1
じゅんび

⑦ がい数の表し方と使い方
② がい数を使った計算

学習日　　月　　日

教科書　上 126〜128 ページ　答え　26 ページ

次の　にあてはまる数やことばを書きましょう。

めあて がい数にして、和や差を見積もることができるようにしよう。　練習 ①→

★見当をつけることを「**見積もる**」といいます。

★和や差を見積もるときには、がい数にして計算する方法があります。

1 百の位までのがい数で考えて、次の問題に答えましょう。

(1) 173 円のパンと 105 円のチョコレートと 118 円のジュースを買います。代金は、およそいくらになりますか。

(2) 235 円のソースと 342 円のカレールーと 507 円の肉を買うと、1000 円をこえますか。

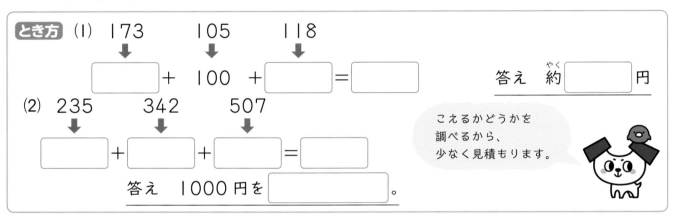

とき方 (1) 173　　105　　118

　　　　　　　　＋　100　＋　　　　＝　　　　　　　答え　約　　　　円

(2) 235　　342　　507

　　　　　＋　　　　＋　　　　＝

　　　　　答え　1000 円を　　　　。

こえるかどうかを調べるから、少なく見積もります。

めあて がい数にして、積や商を見積もることができるようにしよう。　練習 ②③→

積や商は、上から 1 けたのがい数にして計算すると、かんたんに見積もることができます。

2 48 人で遠足に行くことになりました。電車で行くと、電車代は 1 人 730 円、バスを借りると、46320 円かかります。次の交通ひはおよそいくらになりますか。

(1) 全員の電車代　　　　　　　　(2) 1 人分のバス代

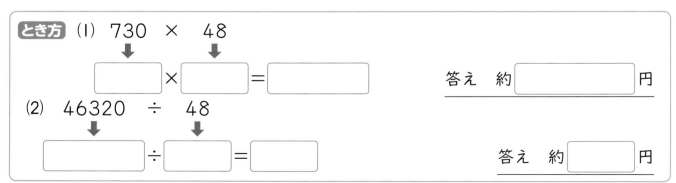

とき方 (1) 730　×　48

　　　　　　　×　　　　＝　　　　　　　答え　約　　　　円

(2) 46320　÷　48

　　　　　÷　　　　＝　　　　　　　答え　約　　　　円

教科書　上 126〜128 ページ　　答え　26 ページ

1 下の 3 つのものを買うとき、①、②、③のことを調べるとすると、それぞれの代金をどのように計算するとよいですか。それぞれの場合について、あ〜えの中から式を選びましょう。

教科書　126 ページ **1**

> ミニカー　　カード　　ボール
> 482 円　　270 円　　136 円

あ　482＋270＋136　　　　　い　400＋200＋100
う　500＋300＋200　　　　　え　500＋300＋100

① 代金の合計を調べるとき

（　　　　　　）

② それぞれの代金を四捨五入して、合計がおよそいくらか調べるとき

（　　　　　　）

③ 1000 円でたりるかどうかを調べるとき

（　　　　　　）

2 ひとみさんたちは、子ども会の 38 人で工場見学に行くことになりました。電車代は 1 人 720 円です。全員の電車代はおよそいくらになりますか。
四捨五入して上から 1 けたのがい数にして、見積もりましょう。

教科書　128 ページ **2**

式

答え（　　　　　　）

3 としやさんの学校の 4 年生 81 人でカレーライスを作りました。
カレーライスを作るために買った材料の合計金がくは 19900 円でした。
1 人分のカレーライス代はおよそいくらになりますか。
四捨五入して上から 1 けたのがい数にして見積もりましょう。　教科書　128 ページ **2**

式

答え（　　　　　　）

ヒント　　**1** ③ 1000 円でたりるかどうかを調べるには、多く見積もります。
3 材料の合計金がくは千の位の数を四捨五入してがい数にします。

⑦ がい数の表し方と使い方

教科書 上 118〜130 ページ　　答え 27 ページ

知識・技能　　　　　　　　　　　　　　　　　　　　　　　／80点

1 がい数で表してもよいものはどれですか。全部答えましょう。　　全部できて　6点

ⓐ 家から駅までの道のり

ⓘ 水泳大会で 25 m 泳ぐのにかかった時間

ⓤ 運動会を見に来た人の人数

ⓔ 算数のテストの点数

（　　　　　　　　）

2 3472856 を次のような方法でがい数にするとき、何の位で四捨五入すればよいでしょうか。また、それぞれについて、がい数で表しましょう。　　各4点（24点）

① 約何万とするとき

（　　　　　）の位（　　　　　）

② 千の位までのがい数にするとき

（　　　　　）の位（　　　　　）

③ 上から 2 けたのがい数にするとき

（　　　　　）の位（　　　　　）

3 よく出る 四捨五入して、一万の位までのがい数にしましょう。　　各5点（15点）

① 10942　　　　　② 437296　　　　　③ 2995871

（　　　　　）　（　　　　　）　（　　　　　）

4 四捨五入して千の位までのがい数にすると 50000 になるものはどれですか。全部答えましょう。　　全部できて　5点

ⓐ 50263　　　ⓘ 40732　　　ⓤ 50941　　　ⓔ 49504

（　　　　　　　　）

5 四捨五入して、十の位までのがい数にすると 270 になる整数のうち、いちばん小さい数といちばん大きい数はいくつですか。　　　　　　各5点(10点)

いちばん小さい数　（　　　　　　　　　）　　　いちばん大きい数　（　　　　　　　　　）

6 四捨五入して百の位までのがい数にして、答えを見積もりましょう。　　各5点(10点)
①　338＋267＋1824　　　　　②　1000－176－325

（　　　　　　　　　）　　　　　　　　（　　　　　　　　　）

7 四捨五入して上から 1 けたのがい数にして、積や商を見積もりましょう。
　　　　　　　　　　　　　　　　　　　　　　　　　　　　　　　　　各5点(10点)
①　847×5649　　　　　　　　②　76354÷38

（　　　　　　　　　）　　　　　　　　（　　　　　　　　　）

思考・判断・表現　　　　　　　　　　　　　　　　　　　　　　／20点

8 よく出る　168 円の歯ブラシと 285 円のティッシュペーパーと 372 円のせんざいを買います。1000 円でたりますか。
　　百の位までのがい数を使い、見積もりのしかたを説明して、答えましょう。
　　　　　　　　　　　　　　　　　　　　　　　　　　　　　　全部できて　10点

説明　（　　　　　　　　　　　　　　　　　　　　　　　　　　　　

　　　　　　　　　　　　　　　　　答え　（　　　　　　　　　）

9 32 人で電車に乗ります。1 人分の電車代は 380 円です。
　　次のように、交通ひを見積もりました。見積もりのしかたを説明しましょう。

> 式　400×30＝12000
>
> 　　答え　交通ひは、約 12000 円になる。

（10点）

説明　（　　　　　　　　　　　　　　　　　　　　　　　　　　　　

ふりかえり　② ①がわからないときは、58 ページの ② にもどってかくにんしてみよう。

活用

算数で読みとこう

食べ残しをへらそう

教科書　上 132〜133 ページ　答え　28 ページ

1　ゆりさんたちは、自分たちの学年で残った給食の量と残った理由について調べることにしました。

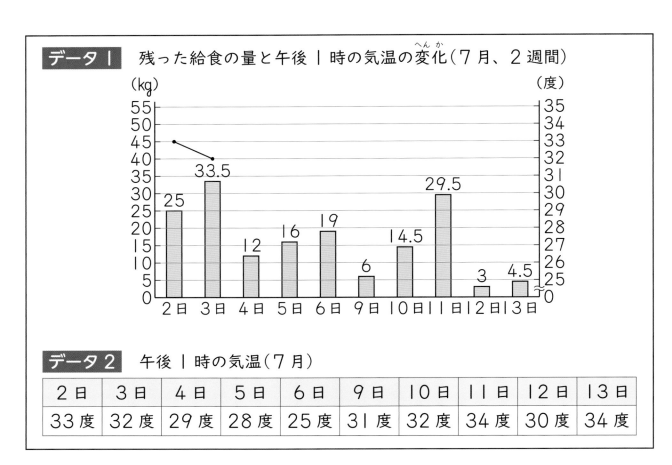

データ1　残った給食の量と午後1時の気温の変化（7月、2週間）

データ2　午後1時の気温（7月）

2日	3日	4日	5日	6日	9日	10日	11日	12日	13日
33度	32度	29度	28度	25度	31度	32度	34度	30度	34度

①　給食の残った量を表したデータ1のぼうグラフに、データ2の午後1時の気温の折れ線グラフをかきたしましょう。

　また、給食の残った量と気温について、気がついたことを書きましょう。

暑いと、食よくが落ちて、
残った量が多くなるのかな。

気がついたこと

データ3	給食のおもな料理（7月）			
2日	3日	4日	5日	6日
メンチカツ 野菜いため	魚のスタミナ焼き とんじる	2色サンド 野菜サラダ	チリドッグパン きのこのスープ	マーボーどん わかめの中かあえ

9日	10日	11日	12日	13日
ハンバーグ コーンサラダ	五目ごはん 肉どうふ	たまご焼き 野菜と鳥肉のに物	カレーライス トマトサラダ	スパゲティー ミートソース ツナサラダ

データ4　好きな料理（4年生全体）
（全員が1つ回答）

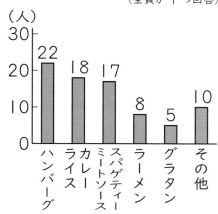

データ5　苦手な料理（4年生全体）
（全員が1つ回答）

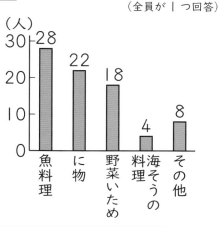

② データ1、データ3〜5を見て、好き、苦手と残った給食の量の関係について、気がついたことを書きましょう。

料理によって、残った量にちがいがありそうだけど。

（ ）

③ データ6を見て、4年生が給食をなるべく残さないために、できるとよいと考えられることとその理由を書きましょう。

できるとよいこと

（ ）

理由

（ ）

データ6　給食を残す理由
（4年生全体）
（全員が1つ回答）

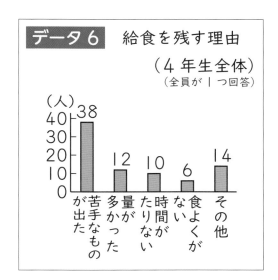

プログラミングを体験しよう！

四捨五入する手順を考えよう

教科書　上135ページ　　答え　29ページ

りこさんたちは、コンピューターを使って、整数をある位で四捨五入したがい数を求めることにしました。

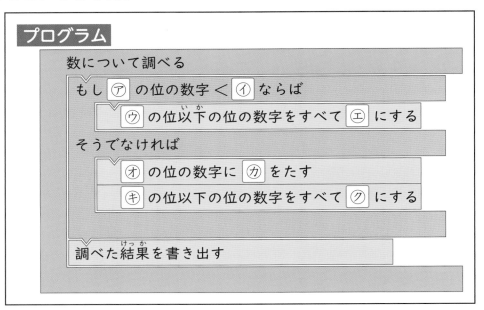

プログラム

数について調べる
　もし ㋐ の位の数字 < ㋑ ならば
　　　㋒ の位以下の位の数字をすべて ㋓ にする
　そうでなければ
　　　㋔ の位の数字に ㋕ をたす
　　　㋖ の位以下の位の数字をすべて ㋗ にする

調べた結果を書き出す

 1 1000 より大きい数を百の位で四捨五入するプログラムをつくります。

① ☐ にあてはまることばや数を書きましょう。

21483 を百の位で四捨五入するとき

四捨五入する位より小さい位はすべて 0 になるよ。

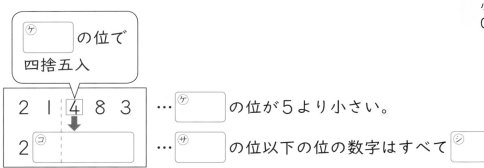

㋘ の位で
四捨五入

2 1 4 8 3　…㋘ の位が 5 より小さい。
2 ㋙　　　…㋛ の位以下の位の数字はすべて ㋜ にする。

73856 を百の位で四捨五入するとき

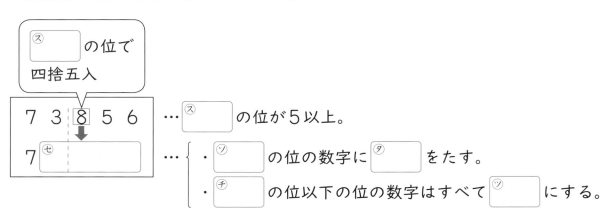

㋝ の位で
四捨五入

7 3 8 5 6　…㋝ の位が 5 以上。
7 ㋞　　　…・㋟ の位の数字に ㋠ をたす。
　　　　　　・㋡ の位以下の位の数字はすべて ㋢ にする。

② 1000 より大きい数を百の位で四捨五入するプログラムをつくりたいとき、
プログラムの⑦〜⑦にあてはまることばや数を書きましょう。

⑦ (   )   ⑦ (   )

⑦ (   )   ⑦ (   )

⑦ (   )   ⑦ (   )

⑦ (   )   ⑦ (   )

2 10000 より大きい数を千の位で四捨五入するプログラムをつくります。

① □にあてはまることばや数を書きましょう。
865374 を千の位で四捨五入するとき

千の位の5は
5以上……？？

⑦ の位で
四捨五入

8 6 5 3 7 4 ……⑦ の位が5以上。

⑦ ……｛ ・⑦ の位の数字に ⑦ をたす。
　　　　・⑦ の位以下の位の数字はすべて ⑦ にする。

② 10000 より大きい数を千の位で四捨五入するプログラムをつくりたいとき、
プログラムの⑦〜⑦にあてはまることばや数を書きましょう。

⑦ (   )   ⑦ (   )

⑦ (   )   ⑦ (   )

⑦ (   )   ⑦ (   )

⑦ (   )   ⑦ (   )

3分でまとめ

① 計算の順じょ

教科書　下2〜9ページ　答え　29ページ

✎ 次の◯◯にあてはまる数を書きましょう。

◎めあて　( )を使って、1つの式に表せるようにしよう。　練習 ①②➡

☆ひとまとまりの数とみる部分を( )を使って表すと、1つの式に表すことが
できます。

☆( )のある式では、( )の中をひとまとまりとみて、先に計算します。

1　まみさんは、500円玉を出し、120円のノート1さつと、350円の
コンパスを1つ買って、おつりをもらいました。
　おつりはいくらですか。( )を使って1つの式に表して、答えを求めましょう。

とき方　ことばの式　出したお金−代金＝おつり

代金の部分を、( )を使って表すと、

$$500 - (\boxed{} + \boxed{})$$

と、1つの式に表すことができます。

( )の中を先に計算して、答えは、　$\boxed{}$　円です。

代金の式は、
120＋350＝470
おつりの式は、
500−470＝30
1つの式に表すと…。

◎めあて　計算の順じょを考えながら、正しく計算できるようにしよう。　練習 ③➡

🐾 計算の順じょ

☆ふつうは、左から順に計算します。

☆( )のある式は、( )の中を先に計算します。

☆×や÷は、＋や−より先に計算します。

式の中のかけ算やわり算
は、ひとかたまりの数と
みて、( )を省いて書く
こともあります。

2　次の計算をしましょう。

(1)　$9 \times 8 - 4 \div 2$

(2)　$9 \times (8 - 4 \div 2)$

とき方　等号をたてにそろえて書きます。

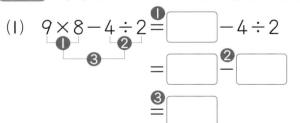

(1)　$9 \times 8 - 4 \div 2 = \boxed{} - 4 \div 2$

$= \boxed{} - \boxed{}$

$= \boxed{}$

(2)　$9 \times (8 - 4 \div 2) = 9 \times (8 - \boxed{})$

$= 9 \times \boxed{}$

$= \boxed{}$

教科書　下2〜9ページ　　答え　29ページ

① 次の場面で、おつりはいくらですか。（　）を使って１つの式に表して、答えを求めましょう。

教科書 3ページ**1**、5ページ**2**

① 300円のケーキと130円のジュースを買って、500円玉を出しました。

式

答え（　　　　　　　）

② １mで70円のリボンを５m買って、1000円札を出しました。

式

答え（　　　　　　　）

② 次の計算をしましょう。

教科書 3ページ**1**

① 1000−(550+150)

② 600−(320−170)

③ (28+14)×6

④ 24×(34−18)

⑤ (160−45)÷23

⑥ 420÷(42+18)

③ 次の計算をしましょう。

教科書 5ページ**2**、6ページ**3**

① 15+25×3

② 80−60÷5

③ 5×9−6÷3

④ 5×(9−6÷3)

⑤ (5×9−6)÷3

⑥ 5×(9−6)÷3

●ヒント ① ② 「代金」は (70×5) 円になります。
③ ④・⑤ （　）の中でも、×や÷は、＋や−より先に計算します。

② 計算のきまりとくふう

教科書　下10〜12ページ　　答え　30ページ

🖊 次の ▢ にあてはまる数を書きましょう。

🎯めあて　計算のきまりを使って、くふうして計算できるようにしよう。　　練習 ❶❷❸➡

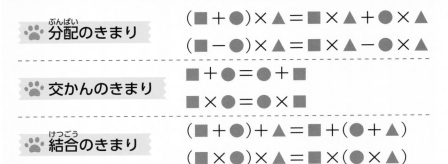

分配のきまり　$(\blacksquare + \bullet) \times \blacktriangle = \blacksquare \times \blacktriangle + \bullet \times \blacktriangle$
$(\blacksquare - \bullet) \times \blacktriangle = \blacksquare \times \blacktriangle - \bullet \times \blacktriangle$

交かんのきまり　$\blacksquare + \bullet = \bullet + \blacksquare$
$\blacksquare \times \bullet = \bullet \times \blacksquare$

結合のきまり　$(\blacksquare + \bullet) + \blacktriangle = \blacksquare + (\bullet + \blacktriangle)$
$(\blacksquare \times \bullet) \times \blacktriangle = \blacksquare \times (\bullet \times \blacktriangle)$

同じ記号には、
同じ数が入ります。

1 くふうして計算しましょう。

(1) 97×4

(2) $37 \times 25 \times 4$

とき方 (1)　97×4
$= \left(100 - \boxed{}\right) \times 4$
$= 100 \times 4 - \boxed{} \times 4$
$= 400 - \boxed{}$
$= \boxed{}$

(2)　$37 \times 25 \times 4$
$= 37 \times (25 \times 4)$
$= 37 \times \boxed{}$
$= \boxed{}$

$25 \times 4 = \boxed{}$
に注目して…。

🎯めあて　かけ算のせいしつを使って、積が求められるようにしよう。　　練習 ❹➡

⭐かけ算では、かける数が10倍になると、積も10倍になります。

⭐かけられる数とかける数がそれぞれ10倍になると、積は100倍になります。

2 $8 \times 3 = 24$ をもとにして、次のかけ算の積を求めましょう。

(1) 8×15

(2) 80×30

とき方

(1)　$8 \times 3 = 24$
①▢倍　②▢倍
$8 \times 15 = $③▢

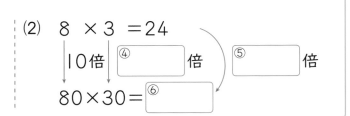

(2)　$8 \times 3 = 24$
10倍　④▢倍　⑤▢倍
$80 \times 30 = $⑥▢

教科書　下 10〜12 ページ　答え　30 ページ

1 ○と●は、全部で何こありますか。（　）を使って１つの式に表して、答えを求めましょう。

教科書　10 ページ **1**

式

（　）を使わない式で表す
考え方もあるね。

13
5
2

答え（　　　　　　　）

よくみて

2 数をよく見て、分配のきまりを使って計算しましょう。

教科書　10 ページ **1**

① 104×12　　　　　　　② 99×8

よくみて

3 計算のきまりを使って、答えを求めましょう。

教科書　11 ページ **2**

① 47＋29＋31　　　　　② 5.8＋79＋4.2

③ 28×25×4　　　　　　④ 125×13×8

4 6×9＝54 をもとにして、次のかけ算の積を求めましょう。

教科書　12 ページ **3**

① 6×90　　　　　　　　② 600×9

③ 6×45　　　　　　　　④ 60×90

ヒント ③ 交かんのきまりと結合のきまりを使います。

⑧ 計算のきまり

知識・技能 　　　　　　　　　　　　　　　　　　　　　　／65点

1 よく出る 次の計算をしましょう。　　　　　　　　各5点(30点)

① $50-(17+15)$　　　　　　② $13×(34-28)$

③ $16+14×6$　　　　　　　④ $4×10-6÷2$

⑤ $9×(35-27)÷6$　　　　　⑥ $140÷(13-3×2)$

2 ◻にあてはまる数を書きましょう。　　　全部できて 1問5点(15点)

① $96×15$
$=(100-\boxed{})×15$
$=100×\boxed{}-\boxed{}×15$

② $4.7+6.8+5.3$
$=4.7+\boxed{}+6.8$
$=\boxed{}+6.8$

③ $25×18×4=25×\boxed{}×18$
$=\boxed{}×18$

3 $4×7=28$ をもとにして、次のかけ算の積を求めます。◻にあてはまる数を書きましょう。　　　　①、②は全部できて 1問5点(20点)

① $4×35$

$4×7\ =28$
　　↓5倍　　㋐$\boxed{}$倍
$4×35=$㋑$\boxed{}$

② $4×70$

$4×7\ =28$
　　↓10倍　　㋐$\boxed{}$倍
$4×70=$㋑$\boxed{}$

③ $4×700=\boxed{}$　　　　④ $40×70=\boxed{}$

思考・判断・表現　　　　　　　　　　　　　　　　　　　　　　　　　／35点

4 次の計算はまちがっています。その理由を説明し、正しい答えを求めましょう。

全部できて　1問5点(10点)

① 28−8×3＝20×3
　　　　　　　＝60

② 56÷(4＋3)＝14＋3
　　　　　　　　＝17

説明 （　　　　　　　　　　　）

説明 （　　　　　　　　　　　）

正しい答え （　　　　　　）

正しい答え （　　　　　　）

5 120円のノート1さつと、1本40円のえん筆を5本買って、500円を出しました。おつりを求める式になるように、下の式に（　）をつけましょう。　　　(5点)

500 － 120 ＋ 40 × 5

6 よく出る 1まい500円のハンカチと、1まい700円のタオルを組にして買います。8組買うと、代金はいくらですか。

（　）を使って1つの式に表して、答えを求めましょう。　　　式・答え　各4点(8点)

式

答え （　　　　　　　　　）

7 右の図の○のこ数の求め方を、①、②、③のように、1つの式に表しました。それぞれの式に合う図を、下のⓐ〜ⓒから選んで、記号で答えましょう。　　　各4点(12点)

① 7×7−3×3　　　（　　　　　　）

② 4×4＋6×4　　　（　　　　　　）

③ 6×2＋14×2　　　（　　　　　　）

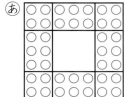
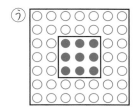

ふりかえり　①①がわからないときは、70ページの①にもどってかくにんしてみよう。

ふろくの「計算せんもんドリル」20〜21もやってみよう！

ぴったり 1 じゅんび

3分でまとめ

9 垂直、平行と四角形

① 直線の交わり方

教科書 下 14〜17 ページ　答え 31 ページ

✏ 次の ▢ にあてはまることばや記号を書き、図をかきましょう。

◎めあて 垂直についてわかるようにしよう。　　練習 ❶❷→

　2 本の直線が交わってできる角が直角のとき、この 2 本の直線は**垂直**であるといいます。

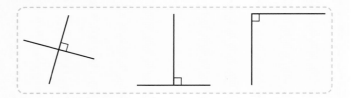

1 右の図で、㋐の直線に垂直な直線はどれですか。

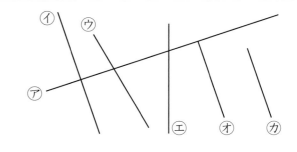

とき方 三角じょうぎの直角を合わせて調べることができます。

　㋕の直線をのばすと、㋐と交わって直角ができます。このようなときも、㋐と㋕の直線は ▢ であるといいます。

　㋐と垂直な直線は、

▢ 、 ▢ 、 ▢ です。

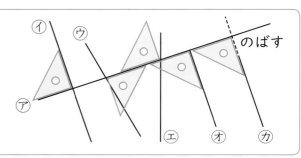のばす

◎めあて 2 まいの三角じょうぎを使って、垂直な直線がひけるようにしよう。　練習 ❸❹→

❶ 1 まいの三角じょうぎの辺に、もう 1 まいの三角じょうぎの直角のある辺を合わせて、直角をつくります。

❷ ❶の直角を使って、垂直な直線をひきます。

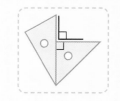

2 2 まいの三角じょうぎを使って、点 A を通り㋐の直線に垂直な直線をひきましょう。

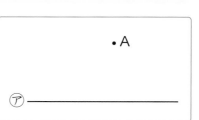

とき方 ㋐の直線に三角じょうぎを合わせ、もう 1 まいの三角じょうぎの ▢ のある辺を、㋐の直線と点 A に合わせます。

　点 A を通る直線をひきます。

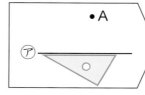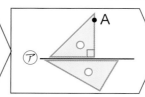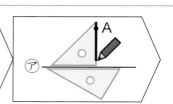

教科書　下14～17ページ　答え　31ページ

1 右の図で、⑦の直線をのばすと、①の直線とどのように交わりますか。　教科書 15ページ**1**

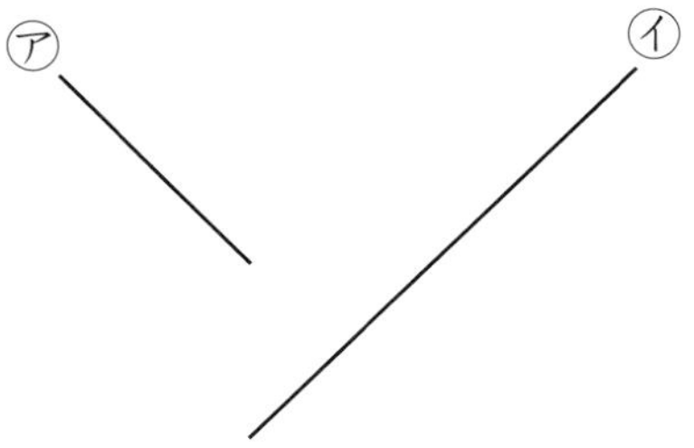

（　　　　　）

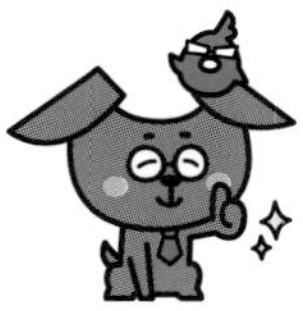

「垂直」は、2本の直線の交わり方を表すことばです。
「直角」は、90°の大きさや形を表すことばです。
「⑦と①の直線は直角だ」とはいわないよ。

2 右の図で、⑦の直線に垂直な直線はどれですか。全部答えましょう。　教科書 15ページ**1**

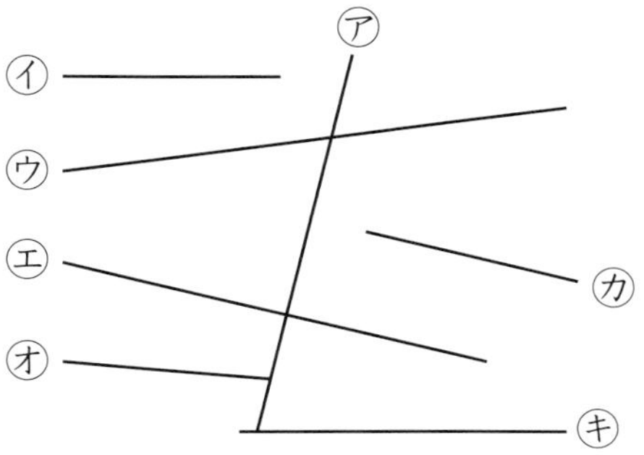

（　　　　　）

3 2まいの三角じょうぎを使って、点Aを通り、⑦の直線に垂直な直線をひきましょう。　教科書 17ページ**2**

①

②

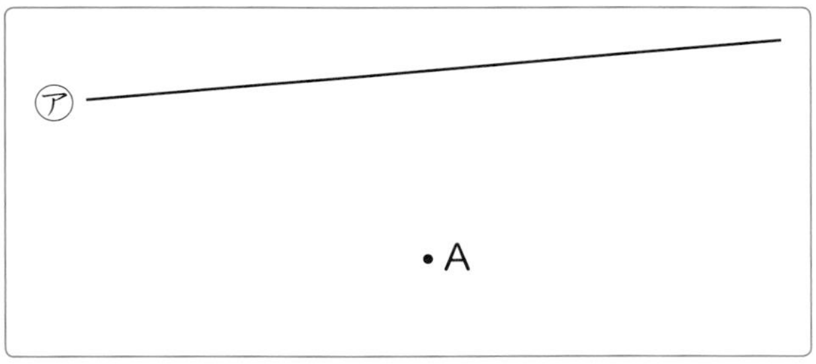

4 次の直線をひきましょう。　教科書 17ページ**2**

① 点Aを通り、⑦の直線に垂直な直線
② 点Aを通り、①でかいた直線に垂直な
直線

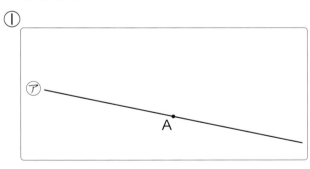
ヒント
1 交わっていなくても、のばして交わった角が直角のとき、2本の直線は垂直であるといいます。
2 ①、⑦は⑦の直線と交わるまでのばして、交わってできる角を調べます。

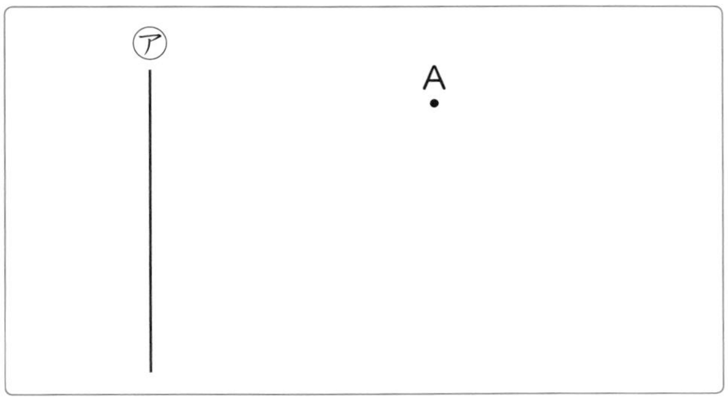

教科書　下 18〜24 ページ　答え　31 ページ

✏ 次の▢にあてはまる記号を書き、図をかきましょう。

🎯めあて　平行についてわかるようにしよう。　練習❶❷❸➡

☆ | 本の直線に垂直な 2 本の直線は、

平行であるといいます。

☆平行な直線は、

ほかの直線と等しい角度で交わります。

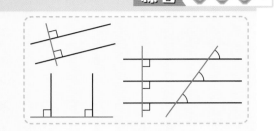

1　右の図で、平行になっている直線は、どれと
どれですか。

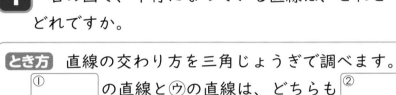

とき方　直線の交わり方を三角じょうぎで調べます。

①▢の直線と㋒の直線は、どちらも②▢
の直線に垂直です。　→のばして調べます。

㋓の直線と③▢の直線は、どちらも④▢の直線に垂直です。

平行になっている直線は、⑤▢と㋒、㋓と⑥▢です。

🎯めあて　2まいの三角じょうぎを使って、平行な直線がひけるようにしよう。　練習❹➡

「平行な直線は、ほかの直線と等しい角度で交わる」
ことを使ってひきます。

2　2まいの三角じょうぎを使って、点Ａを通り
㋐の直線に平行な直線をひきましょう。

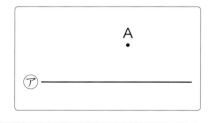

とき方　㋐の直線に三角じょうぎを合わせ、もう | まい
の三角じょうぎを合わせてから、点▢に合う
ように、右側の三角じょうぎを動かします。

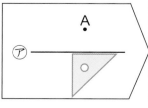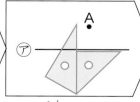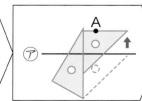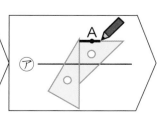

三角じょうぎのほかの辺を合わせても、同じようにして平行な直線をひけます。

ぴったり 2

練習

★ できた問題には、「た」をかこう！★

でき ① でき ② でき ③ でき ④

学習日　　月　　日

教科書　下 18〜24 ページ　　答え　31 ページ

1 右の図で、平行になっている直線は、どれと
どれですか。　　教科書　18 ページ **1**

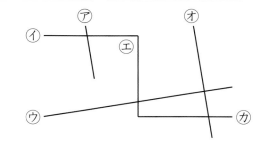

（　　と　　）（　　と　　）

2 下の⑦と⑦の直線は平行です。⑦と⑦の直線のはばは何 cm ですか。
⑦と⑦に垂直な直線をひいて調べましょう。　　教科書　20 ページ **3**

⑦ ————————————————

平行な直線のはばは、どこも等しくなっています。
平行な直線は、どこまでのばしても交わりません。

⑦ ————————————————　　（　　　　　　）

3 ⑦と⑦の直線、⑦と⑤の直線は、それぞれ平行です。あ〜えの角度は、
それぞれ何度ですか。計算で求めましょう。　　教科書　20 ページ **2**、21 ページ △

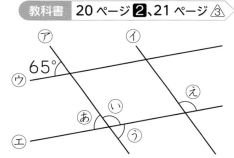

あ（　　　　　　）　い（　　　　　　）

う（　　　　　　）　え（　　　　　　）

4 ①は、2 まいの三角じょうぎを使って、点Aを通り、⑦の直線に平行な直線を
ひきましょう。②は、方がんを使って、点Bを通り、⑦の直線に平行な直線と垂直
な直線をひきましょう。　　教科書　22 ページ **4**、24 ページ **5**

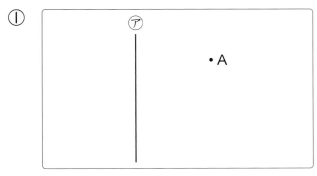

①

⑦

•A

②

⑦

B

ヒント
2 ⑦と⑦に垂直な直線をひいて、⑦と⑦にはさまれた直線の長さをはかります。
3 平行な直線は、ほかの直線と等しい角度で交わることを使います。

79

学習日 　　月　　日

教科書 下 25〜30 ページ 　 答え 32 ページ

✎ 次の □ にあてはまることばや数を書きましょう。

🎯 **めあて** 台形、平行四辺形についてわかるようにしよう。 　練習 ➊ ➋ ➌→

★向かい合った１組の辺が平行な四角形を、
台形といいます。

★向かい合った２組の辺が平行な四角形を、
平行四辺形といいます。

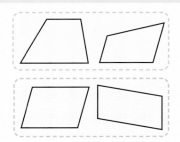

1 右の平行四辺形で、辺ＢＣ、辺ＣＤの長さは何 cm
ですか。また、角Ｂ、角Ｃの大きさは何度ですか。

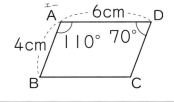

とき方 平行四辺形には、次のような特ちょうがあります。

▶向かい合った ①□ の長さは等しくなっています。

▶向かい合った ②□ の大きさは等しくなっています。

辺ＢＣの長さは ③□ cm、辺ＣＤの長さは ④□ cm、

角Ｂの大きさは ⑤□ °、角Ｃの大きさは ⑥□ °です。

🎯 **めあて** ひし形についてわかるようにしよう。 　練習 ➊ ➍→

辺の長さがすべて等しい四角形を、**ひし形**といいます。

2 右のひし形で、辺ＢＣ、辺ＣＤ、辺ＡＤの長さは何 cm
ですか。また、角Ｃ、角Ｄの大きさは何度ですか。

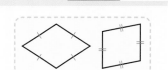

とき方 ひし形には、次のような特ちょうがあります。

▶向かい合った辺は ①□ になっています。

▶向かい合った ②□ の大きさは等しくなっています。

辺の長さはすべて等しいから、辺ＢＣ、辺ＣＤ、辺ＡＤの長さは ③□ cm、

また、角Ｃの大きさは ④□ °、角Ｄの大きさは ⑤□ °です。

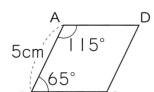

ぴったり **2**
練習

★ できた問題には、「た」をかこう！★
でき ① でき ② でき ③ でき ④

教科書 下 25〜30 ページ　答え 32 ページ

① あ〜かのうち、台形、平行四辺形、ひし形はどれですか。全部答えましょう。

教科書 25 ページ **1**、29 ページ **4**

台形 （　　　　　）　　　平行四辺形 （　　　　　）　　　ひし形 （　　　　　）

② 右の四角形は平行四辺形です。　教科書 27 ページ **2**

① 辺ＡＢの長さは何 cm ですか。

（　　　　　　　）

② 角Ｄの大きさは何度ですか。

（　　　　　　　）

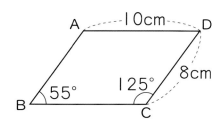

③ となり合う辺の長さが、2 cm、3 cm の平行四辺形をかきましょう。　教科書 28 ページ **3**

① 角Ｂの大きさを 50° にしてかきましょう。

② 角Ｂの大きさを 90° にしてかくと、どんな四角形ができますか。

（　　　　　　　）

④ 1 辺の長さが 3 cm のひし形をかきます。

教科書 29 ページ **4**

① 角Ｂの大きさを 60° にしてかきましょう。

② 角Ｂの大きさを 90° にしてかくと、どんな四角形ができますか。

（　　　　　　　）

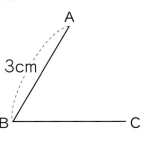

ヒント **③** ① 辺ＢＣ、角Ｂ、辺ＡＢの順に、三角じょうぎや分度器、コンパスを使ってかきます。
残りの頂点の位置は、コンパスを使って決めるとよいでしょう。

81

④ 対角線と四角形の特ちょう

✏ 次の □ にあてはまることばを書きましょう。

めあて　対角線と四角形の特ちょうをわかるようにしよう。　練習 ❶ ❷ →

向かい合った頂点を結んだ直線を、**対角線**といいます。

1 台形、平行四辺形、ひし形、長方形、正方形があります。

(1) 2本の対角線の長さが等しい四角形はどれですか。

(2) 2本の対角線がそれぞれの真ん中の点で交わる四角形はどれですか。

(3) 2本の対角線が垂直である四角形はどれですか。

とき方　対角線をひくと、次の図のようになります。

台形

□

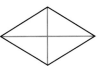
□

□

□

長さは
コンパス、
垂直は
三角じょうぎ
で調べて…。

(1) 2本の対角線の長さが等しい四角形は、
□ と正方形です。

(2) 2本の対角線がそれぞれの真ん中の点で交わる四角形は、
□ 、 □ 、長方形、正方形です。

(3) 2本の対角線が垂直である四角形は、
□ と正方形です。

正方形は、

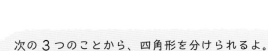
次の3つのことから、四角形を分けられるよ。
・2本の対角線の長さ
・2本の対角線が交わった点から4つの頂点までの長さ
・2本の対角線が交わってできる角の大きさ

ぴったり2
練習

★ できた問題には、「た」をかこう！★
でき ① でき ②

学習日
月　　日

教科書 下31〜32ページ ▷ 答え 32ページ

1 次の表は、四角形の対角線の特ちょうについて整理したものです。
特ちょうがいつでもあてはまるものに、○をかきましょう。　教科書 31ページ **1**

四角形の名前 / 四角形の対角線の特ちょう	台形	平行四辺形	ひし形	長方形	正方形
2本の対角線の長さが等しい					
2本の対角線がそれぞれの真ん中の点で交わる					
2本の対角線が垂直である					

2 対角線の特ちょうを使って、四角形をかきます。四角形の対角線が下のように
なっているとき、それぞれどんな四角形がかけますか。　教科書 31ページ **1**

①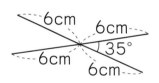

②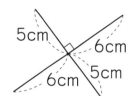

(　　　　　　　　　)　　　　　　(　　　　　　　　　)

③

6cm
6cm 6cm
6cm

④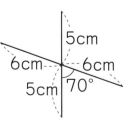

(　　　　　　　　　)　　　　　　(　　　　　　　　　)

⑨ 垂直、平行と四角形

時間 30分
/100
ごうかく 80点

教科書 下14〜35ページ　答え 33ページ

知識・技能　　　　　　　　　　　　　　　　　　　　　/85点

1 よく出る 右の図で答えましょう。　　　　各5点（10点）

① ㋐の直線に垂直な直線はどれですか。

（　　　　　）

② ㋑の直線に平行な直線はどれですか。

（　　　　　）

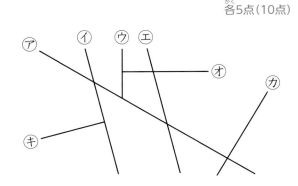

2 次の直線をひきましょう。　　　　各7点（14点）

① 点Aを通り㋐の直線に垂直な直線

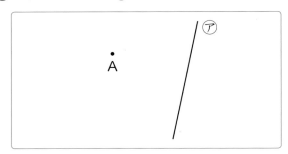

② 点Bを通り㋑の直線に平行な直線

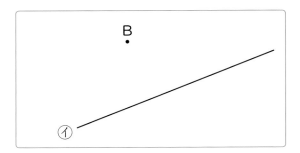

3 よく出る 右の図で、㋐と㋑の直線は平行です。次の角度は、それぞれ何度ですか。計算で求めましょう。　　　　各5点（10点）

① あの角度　　　　（　　　　　）

② いの角度　　　　（　　　　　）

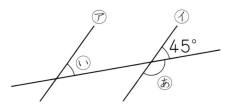

4 右の図で、次の直線を全部書きましょう。　全部できて　1問6点（12点）

① 垂直な直線はどれとどれですか。

（　　　　　　　）

② 平行な直線はどれとどれですか。

（　　　　　　　）

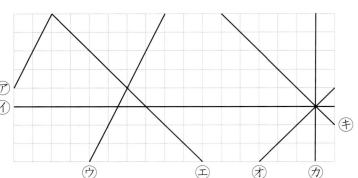

5 右の図形を見て、辺の長さや角の大きさを答えましょう。

各5点(20点)

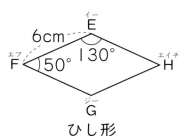

平行四辺形

ひし形

① 辺BCの長さ
② 角Cの大きさ
③ 辺EHの長さ
④ 角Gの大きさ

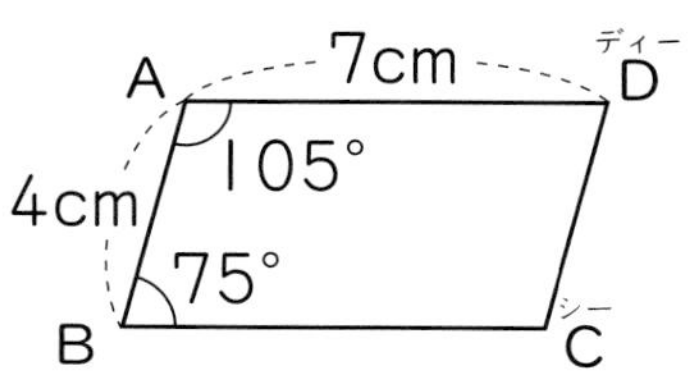

① (   ) ② (   ) ③ (   ) ④ (   )

6 よく出る 下の図のような四角形をかきましょう。

各7点(14点)

① 平行四辺形

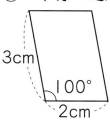

② ひし形

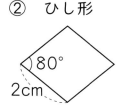

7 下の四角形から、2本の対角線の長さが等しい四角形を全部選び、記号で答えましょう。

全部できて 5点

 台形 あ
平行四辺形 い
 ひし形 う
長方形 え
正方形 お

(   )

！まちがい注意

8 右の図で、平行になっている直線は、どれとどれですか。

(5点)

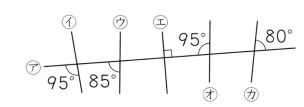

(   )

9 長方形の紙を右のように4つに折り、次のように直線AEで切って広げると、どんな四角形ができますか。

各5点(10点)

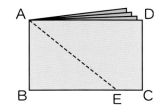

① ABの長さとBEの長さが等しくないように切る。

(   )

② ABの長さとBEの長さが等しくなるように切る。

(   )

ふりかえり ❶①がわからないときは、76ページの❶にもどってかくにんしてみよう。

10 分数

① 分数の表し方
② 分母がちがう分数の大きさ

教科書 下 36～43 ページ ｜ 答え 34 ページ

✏ 次の □ にあてはまる数を書きましょう。

めあて 仮分数を帯分数に、帯分数を仮分数になおせるようにしよう。 練習 ①②③→

☆分子が分母より小さい分数を**真分数**といいます。〔分子＜分母 しんぶんすう〕

☆分子と分母が同じか、分子が分母より大きい分数を**仮分数**といいます。〔分子＝分母／分子＞分母〕

☆整数と真分数の和で表されている分数を**帯分数**といいます。

☆仮分数を帯分数になおす。

例
$$\frac{14}{5} = \square \frac{\bigcirc}{5}$$
〔分子÷分母〕 $14 \div 5 = \square$ あまり $\bigcirc$

☆帯分数を仮分数になおす。

例
$$3\frac{1}{4} = \frac{\square}{4}$$
〔けん算の式〕 $4 \times 3 + 1 = \square$

1 (1) $\frac{11}{4}$ を帯分数になおしましょう。　(2) $2\frac{4}{5}$ を仮分数になおしましょう。

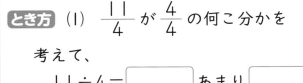

とき方 (1) $\frac{11}{4}$ が $\frac{4}{4}$ の何こ分かを

考えて、

$$11 \div 4 = \boxed{} \text{ あまり } \boxed{}$$

帯分数になおすと、$\frac{11}{4} = \boxed{}$

(2) $2\frac{4}{5}$ が $\frac{1}{5}$ の何こ分かを考えて、

$$5 \times \boxed{} + \boxed{} = \boxed{}$$

仮分数になおすと、$2\frac{4}{5} = \boxed{}$

めあて 数直線を使って、大きさの等しい分数を見つけられるようにしよう。 練習 ④⑤→

分数は、分母がちがっていても、大きさが等しい分数がたくさんあります。

2 右の数直線を見て、$\frac{1}{2}$、$\frac{1}{3}$、$\frac{1}{5}$ とそれぞれ大きさが等しい分数を答えましょう。

とき方 数直線のめもりがたてにそろっている
分数を見つけます。

▶ $\frac{1}{2} = \frac{2}{4} = \frac{3}{6}$

$= \boxed{} = \boxed{}$

分子が同じ分数では、
分母が大きいほど
小さい分数になるね。

▶ $\frac{1}{3} = \boxed{} = \boxed{}$

▶ $\frac{1}{5} = \boxed{}$

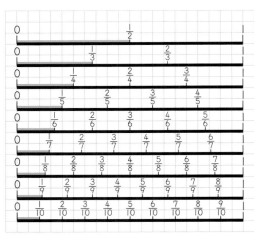

ぴったり 2 練習

★ できた問題には、「た」をかこう！★

でき ① でき ② でき ③ でき ④ でき ⑤

学習日　月　日

教科書 下 36～43 ページ　答え 34 ページ

1 ⑦～㋓のめもりが表す分数はいくつですか。| より大きい分数は、仮分数と帯分数の両方で表しましょう。　教科書 37 ページ 1

```
0           1           2           3
|--|--|--|--|--|--|--|--|--|--|--|--|
   ↑        ↑        ↑           ↑
   ⑦        ㋑        ㋒           ㋓
```

⑦ (　　　　　) ㋑ (　　　　　) ㋒ (　　　　　) ㋓ (　　　　　)

2 次の仮分数を帯分数か整数に、帯分数を仮分数になおしましょう。
教科書 40 ページ 2、41 ページ 3

① $\frac{5}{2}$ 　　　② $\frac{12}{3}$ 　　　③ $1\frac{1}{4}$ 　　　④ $5\frac{8}{9}$

(　　　　　)　(　　　　　)　(　　　　　)　(　　　　　)

3 □にあてはまる不等号を書きましょう。
教科書 40 ページ 2、41 ページ 3

① $2\frac{1}{3}$ □ $1\frac{2}{3}$ 　② $2\frac{5}{7}$ □ $\frac{17}{7}$ 　③ $\frac{30}{4}$ □ $7\frac{3}{4}$

4 左のページの数直線を見て答えましょう。　教科書 42 ページ 1

① 次の分数と大きさの等しい分数を全部答えましょう。

⑦ $\frac{1}{4}$ (　　　　　) ㋑ $\frac{2}{5}$ (　　　　　) ㋒ $\frac{2}{6}$ (　　　　　)

② 次の分数を、分母がいちばん小さい分数で表しましょう。

㋓ $\frac{4}{8}$ (　　　　　) ㋔ $\frac{8}{10}$ (　　　　　) ㋕ $\frac{6}{9}$ (　　　　　)

5 □にあてはまる、等号や不等号を書きましょう。　教科書 42 ページ 1

① $\frac{3}{5}$ □ $\frac{3}{7}$ 　　② $\frac{5}{8}$ □ $\frac{5}{6}$ 　　③ $\frac{6}{8}$ □ $\frac{3}{4}$

ヒント
3 ②・③　帯分数か、仮分数にそろえてくらべましょう。
5 ③　左のページの数直線を見て、分母がいちばん小さい分数で表してみましょう。

87

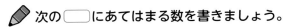

10 分数

③ 分数のたし算とひき算

教科書 下 44〜46 ページ ▶ 答え 34 ページ

✏️ 次の ▭ にあてはまる数を書きましょう。

🎯 めあて 分母が同じ分数のたし算とひき算ができるようにしよう。

練習 ① ② ③ →

$\frac{5}{7} + \frac{4}{7}$ は、$\frac{1}{7}$ をもとにすると、$5+4$ の計算で考えることができるので、分子だけたして計算します。

1 次の計算をしましょう。 (1) $\frac{5}{7} + \frac{4}{7}$ (2) $\frac{8}{7} - \frac{3}{7}$

とき方 (1) $\frac{5}{7}$、$\frac{4}{7}$ は、それぞれ $\frac{1}{7}$ の

▭ こ分、▭ こ分だから、

和は $\frac{1}{7}$ の ▭ こ分です。

$\frac{5}{7} + \frac{4}{7} =$ ▭ $\left(1\frac{2}{7}\right)$

分子のたし算

$50+40$ を 10 をもとにして、$0.5+0.4$ を 0.1 をもとにして考えたのと同じだね。

(2) $\frac{1}{7}$ をもとにすると、▭ $-$ ▭ の計算で

分子のひき算

考えることができるので、$\frac{8}{7} - \frac{3}{7} =$ ▭
分母は 7 のまま

2 次の計算をしましょう。 (1) $1\frac{2}{7} + 2\frac{4}{7}$ (2) $3\frac{1}{7} - \frac{5}{7}$

とき方 ㋐ 帯分数を、整数部分と分数部分に分けて計算します。

㋑ 帯分数を、仮分数になおして計算します。

(1) ㋐ $1\frac{2}{7} + 2\frac{4}{7} =$ ▭ $+$ ▭

$=$ ▭

㋑ $1\frac{2}{7} + 2\frac{4}{7} =$ ▭ ▭

$=$ ▭

(2) ㋐ $3\frac{1}{7} - \frac{5}{7} = 2\frac{8}{7} - \frac{5}{7}$

$\frac{7}{7} + \frac{1}{7}$

整数部分から 1くり下げて $=$ ▭

$\frac{2}{\frac{8}{7} - \frac{5}{7}}$

㋑ $3\frac{1}{7} - \frac{5}{7} =$ ▭ $-$ ▭

$=$ ▭

ぴったり2
練習

★ できた問題には、「た」をかこう！★
でき ① でき ② でき ③

学習日
月 日

教科書 下44〜46ページ ⇨答え 35ページ

1 次の計算をしましょう。

教科書 44ページ **1**

① $\dfrac{4}{7}+\dfrac{4}{7}$　　　　② $\dfrac{4}{5}+\dfrac{8}{5}$　　　　③ $\dfrac{5}{6}+\dfrac{7}{6}$

④ $\dfrac{6}{5}-\dfrac{2}{5}$　　　　⑤ $\dfrac{7}{4}-\dfrac{3}{4}$　　　　⑥ $\dfrac{18}{9}-\dfrac{4}{9}$

⑦ $\dfrac{19}{8}-\dfrac{3}{8}$

答えが仮分数になったときは、
帯分数か整数になおすと、
大きさがわかりやすいよ。

2 次の計算をしましょう。

教科書 45ページ **2**

① $1\dfrac{2}{8}+2\dfrac{5}{8}$　　② $1\dfrac{2}{5}+\dfrac{1}{5}$　　③ $2\dfrac{1}{4}+3$

! まちがい注意

④ $\dfrac{5}{7}+2\dfrac{3}{7}$　　　⑤ $\dfrac{5}{6}+2\dfrac{2}{6}$　　　⑥ $3\dfrac{4}{9}+\dfrac{5}{9}$

3 次の計算をしましょう。

教科書 46ページ **3**

① $4\dfrac{3}{5}-1\dfrac{1}{5}$　　② $1\dfrac{5}{8}-\dfrac{2}{8}$　　③ $5\dfrac{1}{6}-2$

! まちがい注意

④ $2\dfrac{3}{7}-\dfrac{4}{7}$　　　⑤ $1\dfrac{2}{9}-\dfrac{7}{9}$　　　⑥ $4-\dfrac{2}{3}$

ヒント
2 ④・⑤　帯分数で答えるときは、整数と真分数の和にしましょう。
3 ④・⑤・⑥　整数部分からくり下げた1を分数になおして計算しましょう。

ぴったり③
たしかめのテスト ⑩ 分数

時間 **30** 分

／100

ごうかく **80** 点

教科書 下 36～48 ページ　答え 35 ページ

知識・技能 ／90点

1 次の分数を、真分数、仮分数、帯分数に分けて、記号で答えましょう。

全部できて　各2点(6点)

　ⓐ $\dfrac{5}{8}$　　ⓘ $\dfrac{4}{3}$　　ⓤ $3\dfrac{1}{7}$　　ⓔ $\dfrac{5}{5}$　　ⓞ $1\dfrac{1}{2}$　　ⓚ $\dfrac{1}{6}$

　真分数 (　　　　　)　　仮分数 (　　　　　)　　帯分数 (　　　　　)

2 右の数直線を見て答えましょう。

①は全部できて　各2点(10点)

① ㋐、㋑、㋒のめもりが表す分数は

いくつですか。1 より大きい分数は、仮分数と帯分数の両方で表しましょう。

0　　　　1　　　　2
㋐　　　㋑　　　㋒

　㋐ (　　　　　)　　㋑ (　　　　　)　　㋒ (　　　　　)

② ⓐ $\dfrac{10}{7}$ 、ⓘ $2\dfrac{2}{7}$ を表すめもりに ⬆ をかきましょう。

3 次の仮分数を帯分数か整数に、帯分数を仮分数になおしましょう。　各3点(12点)

① $\dfrac{7}{5}$　　② $\dfrac{24}{8}$　　③ $\dfrac{31}{9}$　　④ $4\dfrac{2}{3}$

(　　　　)　　(　　　　)　　(　　　　)　　(　　　　)

4 よく出る □ にあてはまる不等号を書きましょう。　各3点(12点)

① $\dfrac{26}{3}$ □ $8\dfrac{1}{3}$　　　② $\dfrac{23}{6}$ □ $4\dfrac{1}{6}$

③ $\dfrac{4}{9}$ □ $\dfrac{4}{7}$　　　④ $\dfrac{7}{5}$ □ $\dfrac{7}{8}$

5  次の計算をしましょう。　　　　　　　各3点（18点）

① $\dfrac{7}{8} + \dfrac{2}{8}$　　　② $\dfrac{8}{6} + \dfrac{9}{6}$　　　③ $\dfrac{2}{9} + \dfrac{7}{9}$

④ $\dfrac{8}{5} - \dfrac{4}{5}$　　　⑤ $\dfrac{20}{3} - \dfrac{4}{3}$　　　⑥ $\dfrac{12}{7} - \dfrac{5}{7}$

6  次の計算をしましょう。　　　　　　　各4点（32点）

① $1\dfrac{1}{6} + 2\dfrac{4}{6}$　　　② $2\dfrac{1}{7} + \dfrac{3}{7}$　　　③ $\dfrac{4}{5} + 3\dfrac{3}{5}$

④ $\dfrac{7}{9} + 2\dfrac{2}{9}$　　　⑤ $4\dfrac{7}{8} - 1\dfrac{2}{8}$　　　⑥ $1\dfrac{1}{4} - \dfrac{2}{4}$

⑦ $2\dfrac{2}{6} - \dfrac{3}{6}$　　　⑧ $3 - \dfrac{3}{10}$

思考・判断・表現　　　　　　　　　　　／10点

7 次の仮分数を、大きい順にならべましょう。　　全部できて　5点

$$\dfrac{10}{3}、\dfrac{11}{4}、\dfrac{13}{5}、\dfrac{18}{6}、\dfrac{30}{7}$$

（　　　　　　　　　　　　　　　）

8 計算のまちがいを説明して、正しい答えを求めましょう。　　全部できて　5点

$\dfrac{1}{4} + \dfrac{2}{4} = \dfrac{3}{8}$　　説明（　　　　　　　　　）

正しい答え（　　　　）

ふりかえり ❸ がわからないときは、86 ページの **1** にもどってかくにんしてみよう。

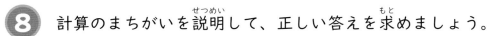

変わり方調べ

📖 教科書　下 50〜55 ページ　　⇒ 答え　36 ページ

✏️ 次の ☐ にあてはまる数を書きましょう。

🎯 めあて　2つの数の変わり方を調べ、その関係を式に表せるようにしよう。　練習 ❶ ❷ →

★ 2つの数の変わり方を右のような表にまとめて調べます。

★ 表の変わり方のきまりを見つけて、☐ と ○ の関係を式に表します。

☐	1	2	3	4	5
○					

1 同じ長さのぼうをねん土玉でつないで三角形を作り、下の図のように 1 列にならべます。三角形の数が 30 このときの、ねん土玉の数を求めましょう。

ねん土玉→
ぼう→

 三角形の数… 1 こ

 2 こ

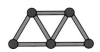 3 こ

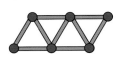 4 こ …

とき方 次のような❶〜❹の順に考えます。

❶ 図を見て、三角形の数とねん土玉の数を表に整理します。

三角形の数（こ）	1	2	3	4	5	6
ねん土玉の数（こ）	3	4	①	②	③	④

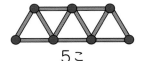 5こ

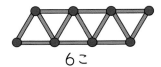 6こ

 30 この図をかけばわかるけど…。

❷ 表から、ねん土玉の数の変わり方にどんなきまりがあるか調べます。

1 三角形の数が 1 ずつふえると、ねん土玉の数は ⑤ ☐ ずつふえます。

2 ねん土玉の数は、三角形の数に ⑥ ☐ をたした数になっています。

❸ 三角形の数を☐こ、ねん土玉の数を○ことして、☐と○の関係を式に表します。

2 のきまりを使うと、☐＋ ⑦ ☐ ＝○

三角形の数		ねん土玉の数
☐		○
1 ＋ 2	＝	3
2 ＋ 2	＝	4
3 ＋ 2	＝	5
	⋮	

❹ ☐に 30 をあてはめて、○を求めます。

30＋2＝○

○＝32

答え　32 こ

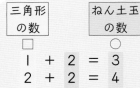

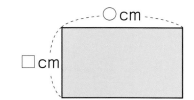

教科書　下 50～55 ページ　　答え　36 ページ

1 まわりの長さが 34 cm の長方形の、たての長さと横の長さには、どんな関係が
あるか調べましょう。

教科書 51 ページ **1**

① たての長さと横の長さの和は、何 cm になりますか。

（　　　　　　　）

○cm

□cm

② たての長さと横の長さを、下の表に整理しましょう。

たての長さ（cm）	1	2	3	4	5	6
横の長さ　（cm）	16					

③ たての長さが 1 cm ずつふえると、横の長さはどのように変わりますか。

（　　　　　　　　　　　　　　　　　　　　　　　）

④ たての長さを□ cm、横の長さを○ cm として、□と○の関係を式に表しましょう。

（　　　　　　　　　　　　　　　　　　　　　　　）

2 1 辺が 1 cm の正三角形のあつ紙
を、右の図のように、1 だん、2 だん、
3 だん、…とならべて、三角形を作
ります。

教科書 54 ページ **3**

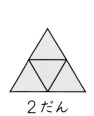
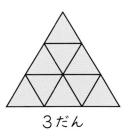

1cm

1 だん　　2 だん　　　　3 だん　　　…

① だんの数とまわりの長さを、下の
表に整理しましょう。

だんの数　（だん）	1	2	3	4	5	6
まわりの長さ（cm）	3					

② だんの数を□だん、まわりの長さを○ cm として、□と○の関係を式に表しましょう。

（　　　　　　　　　　　　　　　　　　　　　　　）

③ まわりの長さ○が 60 cm のときの、だんの数□は何だんですか。

（　　　　　　　　　　　　　　　　　　　　　　　）

 ● ヒント

1 ① たての長さと横の長さの和は、まわりの長さの半分です。
2 ① 2 だん、3 だんの形はそれぞれ 1 辺の長さが 2 cm、3 cm の正三角形です。

⑪ 変わり方調べ

思考・判断・表現　　　　　　　　　　　　　　　　　　　　　　／100点

1 18 このあめを、みさきさんと弟で分けます。　　①は全部できて　1問9点（36点）

① みさきさんのあめの数と弟のあめの数を、下の表に整理しましょう。

みさきさんの あめの数（こ）	1	2	3	4	5	6	7
弟のあめの数 （こ）							

② みさきさんのあめの数が 1 こずつふえると、弟のあめの数はどのように変わりますか。

（　　　　　　　　　　　　　　　）

③ みさきさんのあめの数を□こ、弟のあめの数を○ことして、□と○の関係を式に表しましょう。

（　　　　　　　　　　　　　　　）

④ みさきさんのあめの数が 10 このとき、弟のあめの数は何こですか。

（　　　　　　　　　　　　　　　）

2 1 本のリボンをはさみで切ります。
切る回数がふえると、リボンの数はどのように変わるか調べます。
　　　　　　　　　　　　　　　　　　　　　　①は全部できて　1問8点（24点）

① 切る回数とリボンの数を、下の表に整理しましょう。

切る回数　（回）	1	2	3	4	5
リボンの数（本）					

② 切る回数を□回、リボンの数を○本として、□と○の関係を式に表しましょう。

（　　　　　　　　　　　　　　　）

③ リボンを 15 回切ると、リボンの数は何本になりますか。

（　　　　　　　　　　　　　　　）

③ **よく出る** 下の図のように、直角二等辺三角形のあつ紙を順にならべて、たてが 1cm、横が 1cm、2cm、…の四角形を作ります。

①は全部できて　1問8点（24点）

  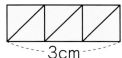

1cm

1cm　　2cm　　3cm　　…

① 四角形の横の長さと直角二等辺三角形の数を、下の表に整理しましょう。

四角形の横の長さ（cm）	1	2	3	4	5	6
直角二等辺三角形の数（こ）						

② 四角形の横の長さを□cm、直角二等辺三角形の数を○ことして、□と○の関係を式に表しましょう。

（　　　　　　　　　　　　）

③ 直角二等辺三角形の数が 40 このとき、四角形の横の長さは何 cm ですか。

（　　　　　　　　　　　　）

できたらスゴイ！

④ 下の図のように、おはじきを 1cm おきにならべて、1辺が 1cm、2cm、…の正方形の形を作ります。

①は全部できて　1問8点（16点）

1cm　　2cm　　3cm

① 1辺の長さとおはじきの数を、下の表に整理しましょう。

1辺の長さ（cm）	1	2	3	4	5	6
おはじきの数（こ）						

② 1辺の長さを□cm、おはじきの数を○ことして、□と○の関係を式に表しましょう。

（　　　　　　　　　　　　）

ふりかえり ❶がわからないときは、92 ページの **1** にもどってかくにんしてみよう。

この本の終わりにある「冬のチャレンジテスト」をやってみよう！

① 広さのくらべ方と表し方

教科書 下 58～61 ページ　答え 37 ページ

次の□にあてはまる数を書きましょう。

めあて 面積(めんせき)の考えや単位(たんい)がわかるようにしよう。　練習 ① ② ③ →

✪広さのことを、**面積**といいます。
面積は、1辺(へん)が1cmの正方形が何こ分あるかで表すことができます。

✪1辺が1cmの正方形の面積を **1平方(へいほう)センチメートル**といい、**1cm²**と書きます。
平方センチメートルは、面積を表す単位です。

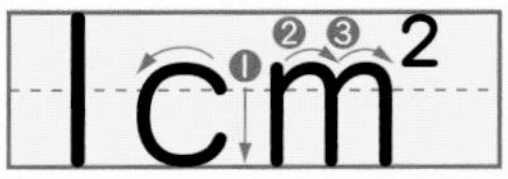

1 右の図の、直線でかこまれたあ、い、うの面積は、それぞれ何cm²ですか。

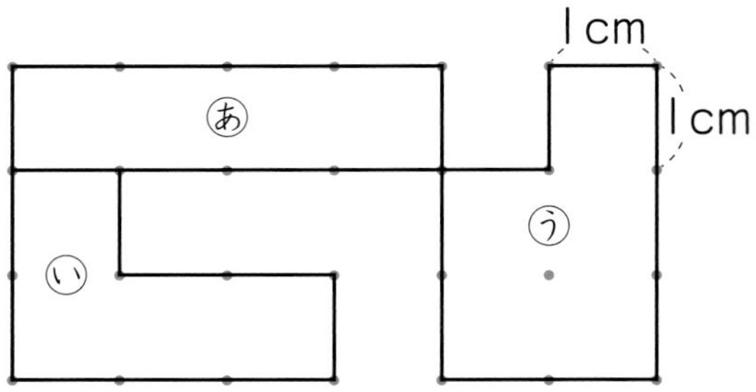

とき方 それぞれ、1辺が1cmの正方形で区切って、1cm²の何こ分か調べます。

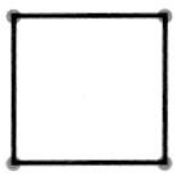

あ　1辺が1cmの正方形の□こ分の面積で、□cm²です。
い　1辺が1cmの正方形の□こ分の面積で、□cm²です。
う　1辺が1cmの正方形の□こ分の面積で、□cm²です。

2 右の図のか、き、くの面積は、それぞれ何cm²ですか。

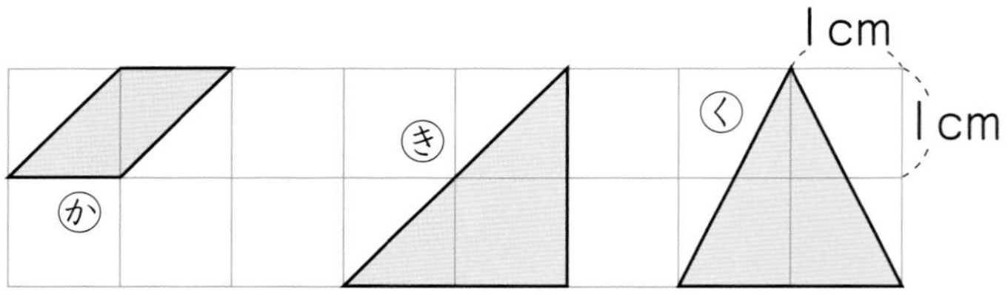

とき方 右の図のように形を変(か)えて、1cm²の正方形の何こ分か調べます。

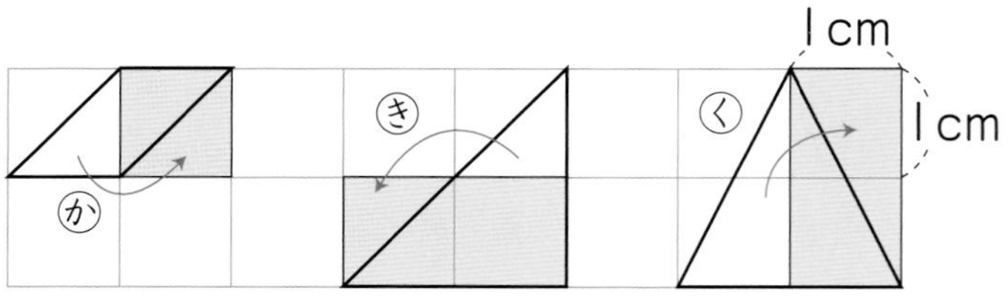

か　1cm²の□こ分で、□cm²です。
き　1cm²の□こ分で、□cm²です。
く　1cm²の□こ分で、□cm²です。

形を変えても面積は変わっていないね。

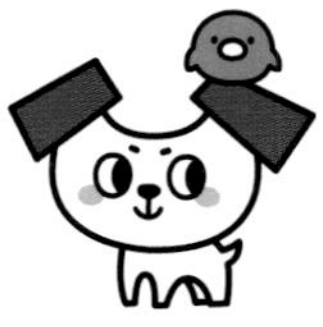

教科書 下 58〜61 ページ　　答え 37 ページ

1 右の図のように、あ、い、う、えの
形があります。　　教科書 59 ページ **1**

① 面積は、それぞれ何 cm² ですか。

あ （　　　　　） い （　　　　　）

う （　　　　　） え （　　　　　）

② いちばん広い形はどれですか。

（　　　　　　　　）

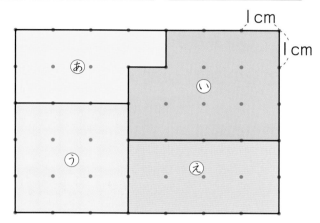

2 か、き、く、け、この
面積は、それぞれ何 cm²
ですか。

教科書 61 ページ ⚠

か （　　　　　）

き （　　　　　）

く （　　　　　）　　け （　　　　　）　　こ （　　　　　）

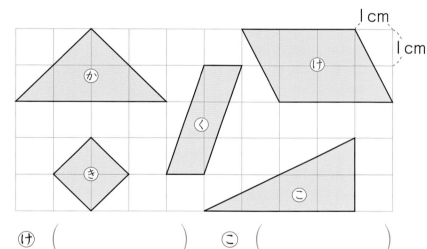

3 面積が 6 cm² のいろいろな形をかきましょう。　　教科書 61 ページ ⚠

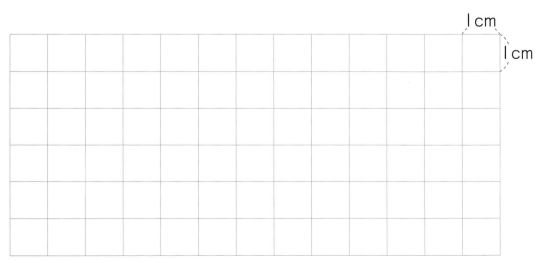

ヒント
1 ① 1辺が 1cm の正方形で区切って、その数で考えます。
2 広さを変えないように、1辺が 1cm の正方形を合わせた形に変えます。

97

ぴったり **①**
じゅんび

12 面積のくらべ方と表し方

② **長方形と正方形の面積**

学習日　　月　　日

教科書 下 62〜67 ページ　答え 38 ページ

✎ 次の□にあてはまる数を書きましょう。

◎めあて 長方形や正方形の面積を計算で求められるようにしよう。　練習 ➊ ➋ ➌ ➍ ➡

長方形の面積＝たて×横
　　　　　　＝横×たて
正方形の面積＝1辺×1辺

左の式を、長方形や正方形の面積の公式というよ。

1 次の長方形や正方形の面積は何 cm² ですか。

(1) たて 3 cm、横 4 cm の長方形　　(2) 1辺が 7 cm の正方形

とき方 長方形や正方形の面積は、計算で求めることができます。
公式を使いましょう。

(1) 長方形の面積＝たて×横

$3 \times \boxed{} = \boxed{}$　　答え $\boxed{}$ cm²

(2) 正方形の面積＝1辺×1辺

$7 \times \boxed{} = \boxed{}$　　答え $\boxed{}$ cm²

(1) 1 cm² の正方形のこ数を求める式も、同じ 3×4 だね。

2 右のような形の面積を求めましょう。

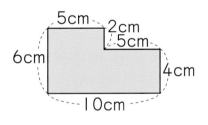

とき方 長方形や正方形の形をもとにして考えます。
下の⑦〜⊕のような考え方があります。

⑦

④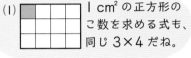

⑦

⊕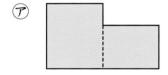

図や式から考え方を説明できるかな。

それぞれの考えを式に表しましょう。

⑦ $6 \times \boxed{} + 4 \times \boxed{} = 50$

④ $2 \times \boxed{} + 4 \times \boxed{} = 50$

⑦ $6 \times \boxed{} - 2 \times \boxed{} = 50$

⊕ $\left(4 + \boxed{}\right) \times \boxed{} = 50$

答え $\boxed{}$ cm²

★できた問題には、「た」をかこう！★
でき ① でき ② でき ③ でき ④

教科書 下62〜67ページ 答え 38ページ

1 次の長方形や正方形の面積は何 cm² ですか。　　教科書 62ページ **1**

① たてが 12 cm、横が 8 cm の長方形　　② 1辺が 9 cm の正方形

(　　　　　　　　)　　　　　　　　(　　　　　　　　)

2 下の長方形と正方形の辺の長さをはかり、面積を求めましょう。　教科書 62ページ **1**

①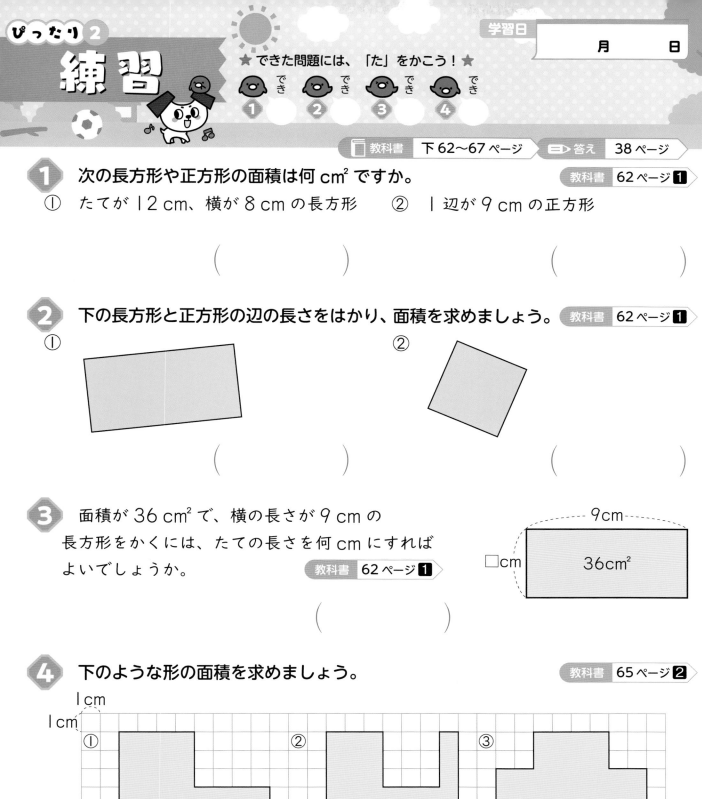

②

(　　　　　　　　)　　　　　　　　(　　　　　　　　)

3 面積が 36 cm² で、横の長さが 9 cm の長方形をかくには、たての長さを何 cm にすればよいでしょうか。　　教科書 62ページ **1**

9cm
□cm　36cm²

(　　　　　　　　)

4 下のような形の面積を求めましょう。　　教科書 65ページ **2**

1cm
1cm
① ② ③

① 式　　　　　　② 式　　　　　　③ 式

答え(　　　　　)　　答え(　　　　　)　　答え(　　　　　)

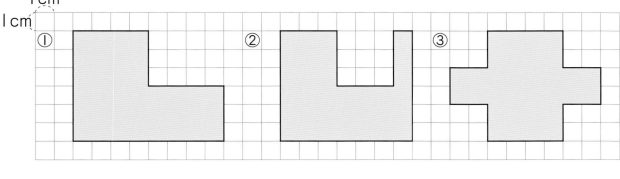

ヒント
3 たての長さを□cm として公式を使います。□にあてはまる数を求めましょう。
4 いろいろな考えがあります。1つできたら別の求め方も考えてみましょう。

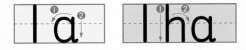
教科書　下 68〜73 ページ　答え　39 ページ

✏ 次の □ にあてはまる数や単位を書きましょう。

めあて　大きな面積の単位が使えるようにしよう。　練習 ① ② ③ ④ ⑤ →

☆ 1 辺が 1 m の正方形の面積を **1 平方メートル** といい、**1 m²** と書きます。

☆ 100 m² の面積を **1 アール** といい、
1 a と書きます。

☆ 10000 m² の面積を **1 ヘクタール** といい、**1 ha** と書きます。

☆ 1 辺が 1 km の正方形の面積を **1 平方キロメートル** といい、**1 km²** と書きます。

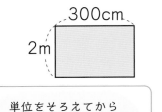

1 右のような長方形の形をした花だんの面積は何 m² ですか。
また、何 cm² ですか。

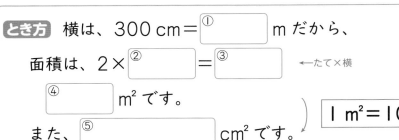

とき方　横は、300 cm ＝ ① □ m だから、

面積は、2 × ② □ ＝ ③ □　←たて×横

④ □ m² です。

また、⑤ □ cm² です。

単位をそろえてから
公式を使うんだね。
cm にそろえると…。

1 m² ＝ 10000 cm²　…100 × 100

2　1 辺が 6 km の正方形の形をした町の面積は何 km² ですか。
また、何 m² ですか。

とき方　6 × ① □ ＝ ② □　←1 辺 × 1 辺

面積は、③ □ km² です。

また、④ □ m² です。

1 km²
＝ 1000000 m²　…1000 × 1000

3　面積の単位の関係を整理しましょう。

とき方

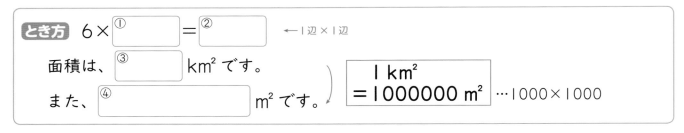

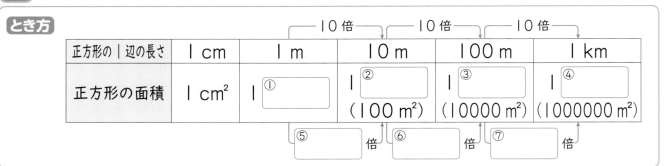

正方形の 1 辺の長さ	1 cm	1 m	10 m	100 m	1 km
正方形の面積	1 cm²	1 ① □	1 ② □ (100 m²)	1 ③ □ (10000 m²)	1 ④ □ (1000000 m²)

⑤ □ 倍　⑥ □ 倍　⑦ □ 倍

★ できた問題には、「た」をかこう！★

でき ① でき ② でき ③ でき ④ でき ⑤ でき ⑥

教科書 下68～73ページ　答え 39ページ

1 次の長方形や正方形の面積は何 m² ですか。　教科書 68ページ **1**

① たてが 6 m、横が 9 m の長方形　② 1辺が 11 m の正方形

(　　　　　　　)　　　　　　　　　(　　　　　　　)

2 右のような長方形の形をしたすな場の面積は何 m² ですか。また、何 cm² ですか。　教科書 68ページ **1**

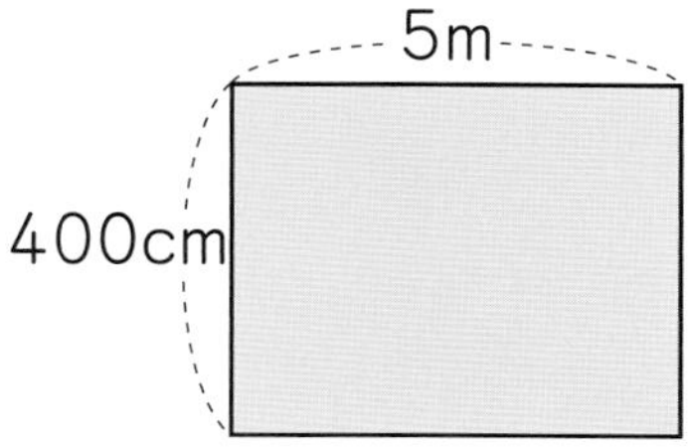

(　　　　　) m²　(　　　　　) cm²

5m

400cm

3 たてが 30 m、横が 60 m の長方形の形をした畑の面積は何 m² ですか。また、何 a ですか。　教科書 69ページ **2**

(　　　　　) m²　(　　　　　) a

4 1辺が 800 m の正方形の形をした公園の面積は何 m² ですか。また、何 ha ですか。何 a ですか。　教科書 69ページ **2**

(　　　　　) m²　(　　　　　) ha　(　　　　　) a

5 たてが 5 km で、横が 7 km の長方形の形をした町の面積は何 km² ですか。また、何 m² ですか。何 ha ですか。　教科書 71ページ **3**

(　　　　　) km²　(　　　　　) m²　(　　　　　) ha

📖 よくよんで

6 20 cm のひもで、長方形や正方形をつくります。面積がいちばん大きくなるのは、右の図のたての長さが何 cm のときですか。　教科書 73ページ **1**

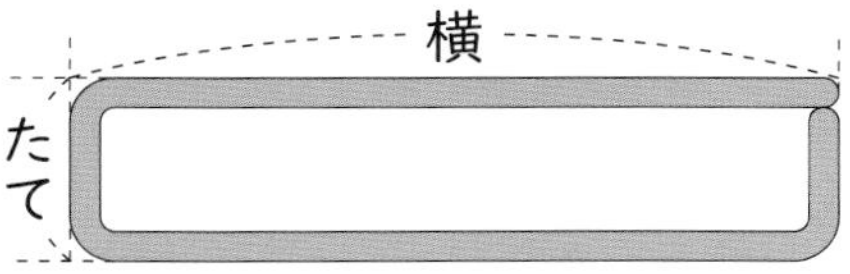

横

たて

表をかいて
考えよう。

たて(cm)	1	2	3	…
横　(cm)	9	8	7	…
面積(cm²)	9	16	21	…

(　　　　　　　)

🐶 ヒント

③ 1辺が 10 m の正方形の面積は 1 a です。1 a＝100 m² ← 10×10
④ 1辺が 100 m の正方形の面積は 1 ha です。1 ha＝10000 m² ← 100×100

101

ぴったり3
たしかめのテスト

⑫ 面積のくらべ方と
表し方

時間 30 分
／100
ごうかく 80 点

教科書 下58〜75ページ　答え 40ページ

知識・技能　　　　　　　　　　　　　　　　　／70点

1 ⓐ、ⓘの面積は、それぞれ何 cm² ですか。　　　各5点(10点)

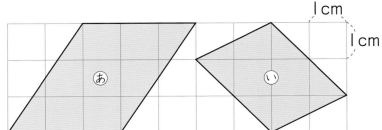

ⓐ （　　　　　　）

ⓘ （　　　　　　）

2 よく出る 次の長方形や正方形の面積を求めましょう。　　各5点(10点)

①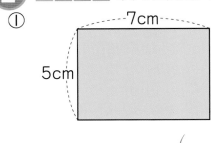

（　　　　　　）

②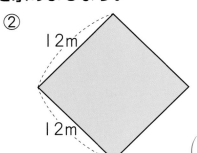

（　　　　　　）

3 たてが 2 m、横が 150 cm の長方形の形をした花だん
があります。この花だんの面積は、何 cm² ですか。また、
何 m² ですか。　　　　　　　　　　　　各5点(10点)

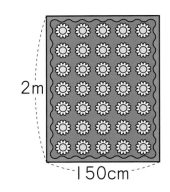

（　　　　　）cm² （　　　　　）m²

4 よく出る 右のような形の面積を求めま
しょう。　　　　　　　　　　　(5点)

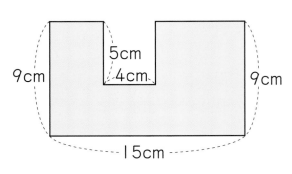

（　　　　　　）

⑤　☐にあてはまる数を書きましょう。　　　　　　　各5点(20点)

① 10000 cm² = ☐ m²

🔍 **よくみて**
② 1 a = ☐ cm²

③ 1 ha = ☐ m²

④ 1 km² = ☐ m²

⑥　次の①、②、③の面積にいちばん近いのは、あ、い、うのどれですか。　各5点(15点)

あ　8500 km²　　　い　8000 cm²　　　う　8000 m²

① 運動場の面積　　　　　② テーブルの面積　　　　　③ 広島県の面積

(　　　　　　)　　　　(　　　　　　)　　　　(　　　　　　)

思考・判断・表現　　　　　　　　　　　　　　　　　／30点

⑦　面積が 48 m² で、横の長さが 12 m の長方形をかくには、たての長さを何 m にすればよいですか。　(10点)

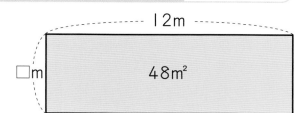

(　　　　　　)

できたらスゴイ!

⑧　右のような形の面積の求め方を考えます。　　各10点(20点)

┌─ りくさん ──────────────
│ 7×8+5×5=56+25
│ 　　　　　　　=81　　　**答え　81 cm²**
└──────────────────────

りくさんの求め方を右の図に線をかいて説明しましょう。

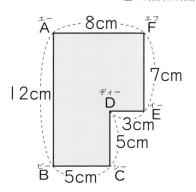

説明

ふりかえり　❶がわからないときは、96 ページの❷にもどってかくにんしてみよう。

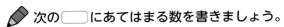
📖 教科書　下76〜82ページ　➡️答え　41ページ

✏️ 次の ⬜ にあてはまる数を書きましょう。

◎めあて 小数×整数の計算の考え方がわかるようにしよう。　　練習 ①→

整数×整数をもとにして、かけ算のせいしつを使って考えます。

例 0.4×7の積は、0.4を10倍して4×7の計算をして、その積を10でわれば求められます。

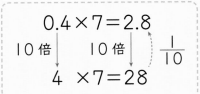

$$0.4 \times 7 = 2.8$$
10倍　　10倍　　$\frac{1}{10}$
$$4 \times 7 = 28$$

1 0.6×9 を計算しましょう。

とき方 0.6を10倍して、6×9＝⬜　　この積を⬜でわります。

0.6×9＝⬜

◎めあて 小数×整数の計算が筆算でできるようにしよう。　　練習 ②③④→

例 **4.3×6 の筆算のしかた**

❶
```
  4.3
×   6
─────
```
小数点を考えないで、右にそろえて書きます。

➡️

❷
```
  4.3
×   6
─────
2 5 8
```
整数のかけ算と同じように計算します。

➡️

❸
```
  4.3
×   6
─────
2 5.8
```
かけられる数にそろえて、積の小数点をうちます。

2 (1) 13.5×8、(2) 3.4×23、(3) 4.63×5 を筆算で計算しましょう。

とき方 (1)
```
  1 3.5
×     8
───────
⬜
```
右はしの0を消す。

(2)
```
    3.4
×   2 3
───────
1 0 2
⬜
⬜
```

(3)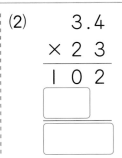
```
  4.6 3
×     5
───────
⬜
```
小数点をうつ。
```
   463
×    5
───────
⬜
```
100倍　　100倍　　$\frac{1}{100}$

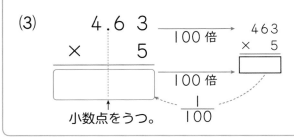

整数×整数をもとにして計算するんだね。

ぴったり 2
練習

★ できた問題には、「た」をかこう！★
でき 1　でき 2　でき 3　でき 4

学習日 　　月　　日

📖 教科書　下 76〜82 ページ　▣ 答え　41 ページ

1 次の計算をしましょう。　教科書 77 ページ **1**

①　0.2×8　　　　②　0.7×6　　　　③　0.9×5

2 次の計算を、筆算でしましょう。　教科書 78 ページ **2**

①　6.4×3　　　　②　3.8×7　　　　③　12.8×6

3 次の計算を、筆算でしましょう。　教科書 80 ページ **3**

①　0.3×3　　　　②　6.8×5　　　　③　17.5×4

④　8.3×42　　　　⑤　26.7×18　　　　⑥　14.5×80

4 次の計算を、筆算でしましょう。　教科書 81 ページ **4**

①　2.58×3　　　　②　4.35×8　　　　③　6.17×35

🔵ヒント　**3** ②　積に小数点をうってから、小数点より右にある、いちばんはしの 0 を消します。
　　　　　　　③　0 を消しすぎないようにしましょう。

105

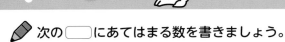

教科書 下 83～88 ページ 　答え 42 ページ

✏ 次の ▭ にあてはまる数を書きましょう。

🎯 めあて 小数÷整数の計算が筆算でできるようにしよう。 練習 ①②③④→

例 6.8÷4 の筆算のしかた

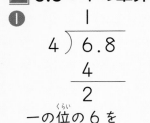

①
```
   1
4)6.8
  4
  2
```
一の位の 6 を
4 でわる。

➡ ②
```
   1.
4)6.8
  4
  2
```
わられる数の小数
点にそろえて、商
の小数点をうつ。

➡ ③
```
   1.
4)6.8
  4
  2 8
```
$\frac{1}{10}$ の位の 8 を
おろす。

➡ ④
```
   1.7
4)6.8
  4
  2 8
  2 8
    0
```
28 を 4 でわる。

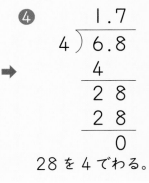

1 次の計算を、筆算でしましょう。

(1) 8.7÷3 　　(2) 70.4÷4 　　(3) 3.2÷8

とき方 (1) ▭
```
  3)8.7
    6
    2 7
    2 7
      0
```
商に小数点をうつこと以外は、
整数のわり算と同じだね。

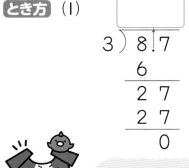

(2) ▭
```
4)70.4
  4
  3 0
  2 8
    2 4
    2 4
      0
```
十の位
から
商がたつ。

(3) ▭
商の一の位
は 0。
```
8)3.2
  3 2
    0
```
8＞3 だから
商の一の位に 0
を書き、小数点
をうってから
計算を進めるよ。

2 次の計算を、筆算でしましょう。

(1) 97.2÷36 　　(2) 8.61÷7 　　(3) 0.45÷9

とき方 (1) ▭
```
36)97.2
   7 2
   2 5 2
   2 5 2
       0
```
2 けたの
数でわる。
0.1 が 252 こ
あることを表しています。

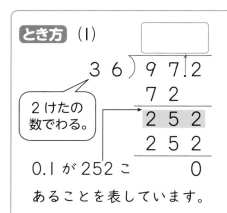

(2) ①
```
7)8.61
  7
  1 6
  1 4
    2 1
    2 1
      0
```
21 は ② ▭ が 21 こ
あることを表しています。

(3) ▭
```
9)0.45
  4 5
    0
```
商の一の位も
$\frac{1}{10}$ の位も 0。

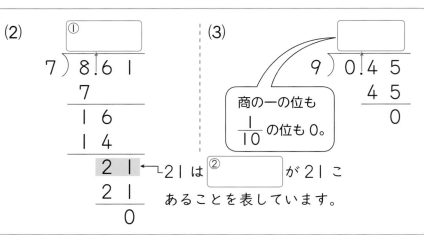

★ できた問題には、「た」をかこう！★

でき ① でき ② でき ③ でき ④

教科書 下 83〜88 ページ   答え 42 ページ

1 次の計算をしましょう。

教科書 83 ページ **1**

① 4.6÷2　　　② 8.4÷4　　　③ 9.3÷3

2 次の計算を、筆算でしましょう。

教科書 84 ページ **2**

① 8.4÷6　　　② 93.8÷7　　　③ 31.5÷5

3 次の計算を、筆算でしましょう。

教科書 87 ページ **3**

① 7.2÷8　　　② 68.8÷43　　　③ 37.8÷54

4 次の計算を、筆算でしましょう。

教科書 88 ページ **4**

① 4.95÷3　　　② 5.92÷8　　　③ 9.72÷27

！まちがい注意

④ 0.32÷8　　　⑤ 0.448÷7　　　⑥ 0.186÷62

ヒント

3 ①・③　商の一の位に 0 を書き、小数点をうってから計算を進めます。
4 ④・⑤は商の $\frac{1}{10}$ の位も 0、⑥はさらに $\frac{1}{100}$ の位も 0 を書きます。

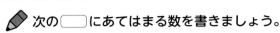

教科書　下89〜91ページ　答え　43ページ

✎ 次の□にあてはまる数を書きましょう。

◎めあて あまりのある小数のわり算ができるようにしよう。　練習 ①→

小数のわり算では、あまりの小数点は、わられる数の小数点にそろえてうちます。

1 75.9÷6の計算をして、商は一の位まで求め、あまりも出しましょう。
また、けん算もしましょう。

とき方

①□

```
    6 ) 7 5.9
        6
      ─────
        1 5
        1 2
      ─────
        3:9
```

あまりの小数点をうちましょう。

左の筆算から

75.9÷6=②□ あまり ③□

けん算…わる数×商＋あまり＝わられる数

6×④□＋⑤□＝⑥□

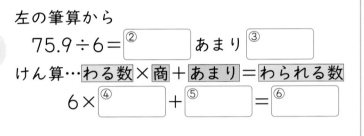

◎めあて わり算の筆算で、計算を続けるしかたをわかるようにしよう。　練習 ②③④→

例 12÷5 をわりきれるまで計算するしかた

❶
```
      2
  5 ) 1 2
      1 0
    ─────
      2
```
➡
❷
```
      2.
  5 ) 1 2.⁰
      1 0
    ─────
      2 0
```
➡
❸
```
      2.4
  5 ) 1 2.⁰
      1 0
    ─────
      2 0
      2 0
    ─────
      0
```

12 を 12.0 と考えて、計算を続けます。

2 (1) 3.8÷4 をわりきれるまで計算しましょう。
(2) 23÷7 の商を四捨五入して、上から2けたのがい数で求めましょう。

とき方 (1)

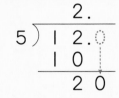

```
      0.9
  4 ) 3.8
      3 6
    ─────
      2
```
➡
```
      0.9
  4 ) 3.8 0
      3 6
    ─────
      2 0
      2 0
    ─────
      0
```

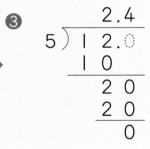

3.8 を 3.80
と考えて、
計算を続けるよ。

(2)
```
       3.2³8 ←上から3つめの
  7 ) 2 3
      2 1
    ─────
      2 0
      1 4
    ─────
      6 0
      5 6
    ─────
      4
```

□の位で

四捨五入して、

商は□です。

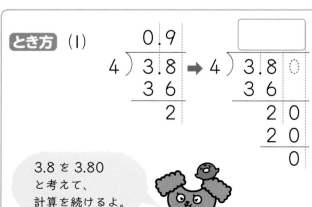

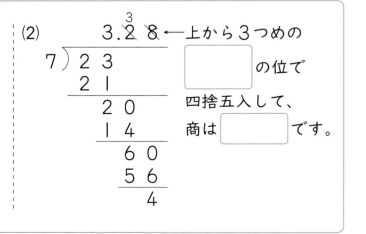

ぴったり 2
練習

★ できた問題には、「た」をかこう！ ★
でき 1 　でき 2 　でき 3 　でき 4

学習日
月　　日

教科書 下89〜91ページ ➡答え 43ページ

1 次の計算を筆算でして、商は一の位まで求め、あまりも出しましょう。
また、けん算もしましょう。
教科書 89ページ 5

① 52.1÷3

② 72.6÷18

けん算 （　　　　　　　　　　　　　） けん算 （　　　　　　　　　　　　　）

2 次の計算を、筆算でわりきれるまでしましょう。
教科書 90ページ 6

① 27÷6

② 3÷8

③ 16÷25

3 次の計算を、筆算でわりきれるまでしましょう。
教科書 91ページ 7

① 8.3÷5

② 32.8÷16

③ 3.6÷48

4 次の計算の商を四捨五入して、上から2けたのがい数で求めましょう。
教科書 91ページ 8

① 37.5÷8 （　　　　　　　　　）

② 70.9÷63 （　　　　　　　　　）

ヒント 2 ② 商の一の位に0を書き、小数点をうってから、わられる数に0をつけたして計算を続けます。
4 商が3けたになるまでわり算を続けて、3けためを四捨五入しましょう。

109

ぴったり1 じゅんび

⑬ 小数のかけ算とわり算
③ 小数の倍

学習日　月　日

教科書　下92〜94ページ　答え　44ページ

✎ 次の◯にあてはまる数を書きましょう。

◎めあて　倍を表す数が小数のときの意味がわかるようにしよう。　練習 ①②③→

● 2.5倍や3.5倍のように、何倍かを表すときにも小数を使うことがあります。
● 2.5倍というのは、40cmを1とみたとき、100cmが2.5にあたることを表しています。

1 リボンが4本あります。赤のリボンは40cm、白のリボンは100cm、青のリボンは140cm、黄のリボンは32cmです。
　赤のリボンの長さをもとにすると、ほかのリボンの長さはそれぞれ何倍ですか。

とき方 白のリボンの長さは、赤のリボンの長さの何倍ですか。

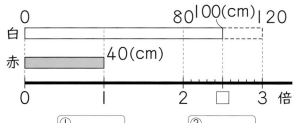

図を見ると、□は2と3の真ん中だね。

式　①◯÷40＝②◯　答え　③◯倍

青のリボンの長さは、赤のリボンの長さの何倍ですか。

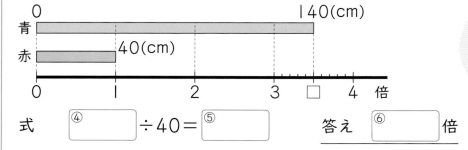

何倍かを求める計算は、もとにする量でわるわり算です。わりきれるまで計算するよ。

式　④◯÷40＝⑤◯　答え　⑥◯倍

黄のリボンの長さは、赤のリボンの長さの何倍ですか。

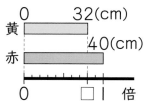

式　⑦◯÷⑧◯＝⑨◯
答え　⑩◯倍

倍を表す数が1より小さい小数のときも、倍の意味は同じだね。

▶ 0.8倍というのは、40cmを⑪◯とみたとき、32cmが⑫◯にあたることを表しています。

110

ぴったり2 練習

★ できた問題には、「た」をかこう！★

でき ① でき ② でき ③

教科書 下 92～94 ページ 答え 44 ページ

1 右の表は、めいさんたちの大なわとびの練習の記録を整理したものです。

月曜日の記録をもとにすると、次の曜日の記録は何倍ですか。 教科書 92 ページ **1**

めいさんたちが続けてとぶことができた回数

	回数（回）
月	8
火	20
水	36
木	26

① 火曜日

式

答え（　　　　　）

② 水曜日

式

答え（　　　　　）

③ 木曜日

式

答え（　　　　　）

2 赤の色紙が 25 まい、青の色紙が 40 まい、黄の色紙が 70 まい、緑の色紙が 20 まいあります。 教科書 92 ページ **1**、94 ページ **2**

① 青の色紙のまい数は、赤の色紙のまい数の何倍ですか。

式

答え（　　　　　）

② 黄の色紙のまい数は、赤の色紙のまい数の何倍ですか。

式

答え（　　　　　）

③ 赤の色紙のまい数を 1 とみたとき、緑の色紙のまい数はいくつにあたりますか。

式

答え（　　　　　）

よくよんで

3 セーターのねだんは 4800 円で、マフラーのねだんは 2000 円、手ぶくろのねだんは 600 円です。

マフラーのねだんをもとにすると、セーターと手ぶくろのねだんは、それぞれ何倍ですか。 教科書 92 ページ **1**、94 ページ **2**

セーター（　　　　　）　手ぶくろ（　　　　　）

ヒント **1** ③ わりきれるまで計算します。
2 もとにする大きさは、赤の色紙のまい数です。

⓭ 小数のかけ算と わり算

時間 **30** 分

／100

ごうかく **80** 点

教科書 下 76〜97 ページ ▶答え 45 ページ

知識・技能 ／72点

① 83×6＝498 をもとにして、次の計算をしましょう。 各2点（4点）

① 8.3×6　　　　　　　　　② 0.83×6

② よく出る 次の計算をしましょう。 各4点（24点）

① 3.4　　　　　② 0.2　　　　　③ 1.74
  × 7　　　　　　 × 3　　　　　　 × 5

④ 1.2　　　　　⑤ 0.6　　　　　⑥ 2.25
 ×56　　　　　　 ×98　　　　　　 × 30

③ よく出る 次の計算をしましょう。 各4点（12点）

①　3）7.8　　　②　18）77.4　　　③　53）4.24

④ よく出る 商は一の位まで求め、あまりも出しましょう。 各4点（12点）

① 74.2÷6　　　　　　　　　　　（　　　　　　　　　）

② 80.8÷22　　　　　　　　　　（　　　　　　　　　）

③ 89.7÷43　　　　　　　　　　（　　　　　　　　　）

112

5 よく出る わりきれるまで計算しましょう。　　　　　各4点(12点)

① 26÷4　　　　② 92.8÷64　　　　③ 2.24÷35

6 80.2÷7の商を四捨五入して、次のがい数で求めましょう。　　各4点(8点)

① 上から2けたのがい数　　　　② $\frac{1}{10}$ の位までのがい数

（　　　　　　　　）　　　　　　　（　　　　　　　　）

思考・判断・表現　　　　　　　　　　　　　　　　　／28点

7 次の筆算のまちがいを説明して、正しい答えを求めましょう。　各4点(16点)

① 　　10.8　　説明
　　×　27
　　―――――
　　　756
　　216
　　―――――
　　2916

正しい答え（　　　　　　　　）

② 　　　　　14　　説明
　　7)0.98
　　　7
　　――――
　　　28
　　　28
　　――――
　　　　0

正しい答え（　　　　　　　　）

8 牛にゅうを、毎日、朝と夜の2回、1.4dLずつ飲みます。
1週間に飲む牛にゅうは何dLですか。　　　　　全部できて　4点

式

答え（　　　　　　　　）

9 25.6mのひもがあります。
このひもから3mのひもは何本とれますか。また、何mあまりますか。　　　　　全部できて　4点

式

答え（　　　　　　　　）

10 Tシャツのねだんは1700円で、タオルのねだんは500円です。
Tシャツのねだんは、タオルのねだんの何倍ですか。　　全部できて　4点

式

答え（　　　　　　　　）

ふりかえり ①がわからないときは、104ページの①にもどってかくにんしてみよう。

ふろくの「計算せんもんドリル」 22〜34 もやってみよう！

どんな計算になるのかな？

教科書 下98〜99ページ　答え 46ページ

1 たてが 50 m、横が 90 m の長方形の形をした花だんがあります。
この花だんの面積は何 m² ですか。また、何 a ですか。

式

答え（　　　　　　 m²、　　　　　 a）

2 うさぎの広場には、生後 3 か月のうさぎがいます。生まれたときの体重は 0.48 kg で、今の体重は、生まれたときの体重の 4 倍です。
今の体重は何 kg ですか。

式

答え（　　　　　　　　　）

3 かんらん車のいちばん高いところの高さは51mで、木の高さは6mです。
かんらん車のいちばん高いところの高さは、木の高さの何倍ですか。

式

答え（　　　　　　　）

4 1000円札で、280円のソフトクリームを2こと、96円のドーナツを何こか
買います。ドーナツは何こまで買うことができますか。

式

答え（　　　　　　　）

ぴったり 1
じゅんび

3分でまとめ

⑭ 直方体と立方体

① 直方体と立方体

学習日　　月　　日

教科書　下 100～105 ページ　答え　46 ページ

✏ 次の□にあてはまる数や記号を書きましょう。

めあて 直方体や立方体の特ちょうがわかるようにしよう。　　練習 ①→

★長方形だけでかこまれた形や、長方形と正方形でかこまれた形を**直方体**といいます。

★正方形だけでかこまれた形を**立方体**といいます。

★直方体や立方体、球などを**立体**といいます。

★平らな面のことを**平面**といいます。

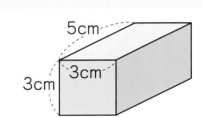

1 右の直方体を見て答えましょう。

(1) どんな形の面がそれぞれいくつありますか。

(2) どんな長さの辺がそれぞれいくつありますか。

とき方 長方形と正方形でかこまれた直方体です。

(1) 直方体では、向かい合った面は形も大きさも同じです。

たて ① □ cm、横 3 cm の長方形の面が ② □ つと、

1 辺が ③ □ cm の正方形の面が ④ □ つあります。←あわせて6

(2) 5 cm の辺が ⑤ □ つ、3 cm の辺が ⑥ □ つあります。←あわせて12

└正方形2つ分

> 直方体や立方体は、面が6つ、辺が12、頂点が8つだね。

めあて 直方体や立方体の展開図がわかるようにしよう。　　練習 ② ③ ④→

直方体や立方体などを辺にそって切り開いて、平面の上に広げた図を、**展開図**といいます。

2 右の、直方体の展開図を組み立てます。

辺エオと重なる辺はどれですか。

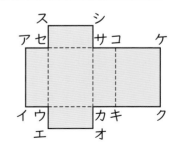

とき方 下の図で、⌒でつないだ点が重なります。

点エは点 ① □ 、点 ② □ と重なり、点オは点 ③ □ と重なります。

辺エオと重なる辺は、辺 ④ □ です。

教科書 下 100〜105 ページ　　答え 46 ページ

1 右の直方体を見て答えましょう。

教科書 103ページ 2

① どんな形の面が、それぞれいくつありますか。

(　　　　　　　　　　　　　　　)

② どんな長さの辺が、それぞれいくつありますか。

(　　　　　　　　　　　　　　　)

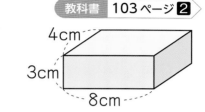

2 下の直方体の展開図をかきましょう。

教科書 104ページ 3

3cm
2cm　4cm

1cm
1cm

🔍 **よくみて**

3 下の図で、直方体の正しい展開図はどれですか。

教科書 104ページ 3

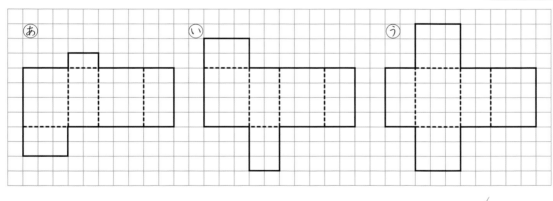

あ　い　う

(　　　　　　　　　　　　　)

4 右の、直方体の展開図を組み立てます。

点シと重なる点はどれですか。また、点イと重なる点はどれですか。全部答えましょう。

教科書 104ページ 3

シ　サ
ア　セ ス　コ ケ
イ　ウ エ　キ ク
オ　カ

点シ (　　　　　　　)　　点イ (　　　　　　　)

👻 **ヒント**

1 ① 直方体の面の数は6つです。また、向かい合った面は形も大きさも同じです。

3 組み立てたとき、重なる辺の長さが等しくなっているか、たしかめましょう。

4 点イと重なる点は2つあります。

教科書 下106〜109ページ | 答え 47ページ

✏ 次の ☐ にあてはまる記号を書きましょう。

🎯めあて 直方体、立方体の面や辺の交わり方やならび方がわかるようにしよう。 練習 ①②➡

★面と面の交わり方、ならび方
となり合った面⓪と面⑰は、垂直であるといいます。
向かい合った面⓹と面⑰は、平行であるといいます。

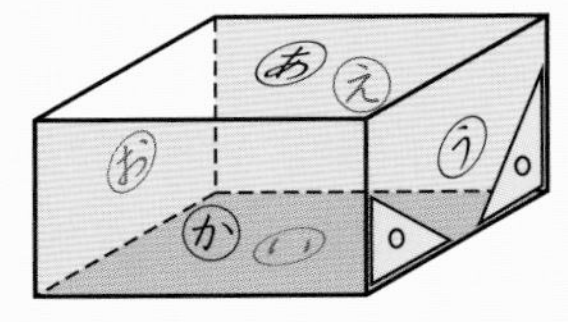

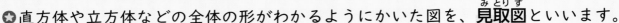

★辺と辺の交わり方、ならび方
辺ＡＢと辺ＡＥは垂直になっています。
辺ＡＢと辺ＥＦは平行になっています。

★面と辺の交わり方
辺ＡＢと面⓾は、垂直であるといいます。
辺ＡＢと面⓪は、平行であるといいます。

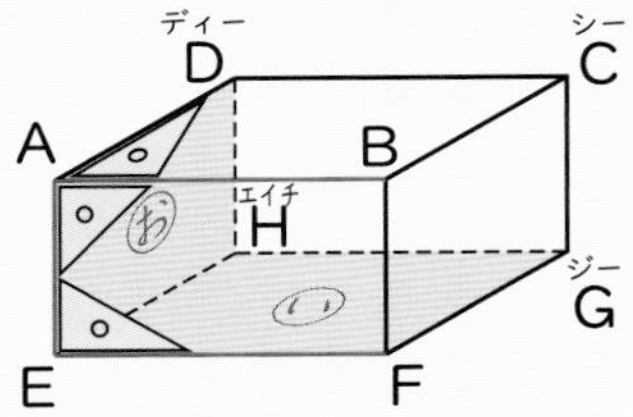

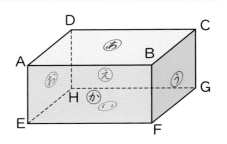

★直方体や立方体などの全体の形がわかるようにかいた図を、見取図といいます。

1 右の直方体を見て、次の面や辺を答えましょう。

(1) 面⓪に垂直な面
(2) 面⓪に平行な面
(3) 頂点Ａを通って、辺ＡＥに垂直な辺
(4) 辺ＡＥに平行な辺
(5) 辺ＢＣに垂直な面

とき方 (1) 面⓪ととなり合った面は、面⓪に垂直で、
面⓺、面⓹、面 ①☐ 、面 ②☐ の4つあります。

(2) 面⓪と向かい合った面 ☐ が、面⓪に平行です。

(3) 面⑰で辺ＡＥととなり合った辺 ③☐ と、面⓾で
辺ＡＥととなり合った辺 ④☐ の2つです。

(4) 面⑰、面⓾のそれぞれで辺ＡＥと向かい合った
辺 ⑤☐ 、辺 ⑥☐ と、右の図でかげをつけた
長方形を考えて、辺 ⑦☐ を加えた3つです。

(5) 辺ＢＣと交わっている面 ⑧☐ 、面 ⑨☐ の
2つです。

長方形の辺の垂直や
平行をもとにして
考えればいいね。

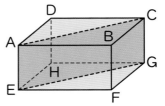

ぴったり 2 練習

★ できた問題には、「た」をかこう！★

でき ① でき ② でき ③

学習日　　月　　日

教科書　下 106〜109 ページ　答え　47 ページ

1 右の直方体を見て答えましょう。

教科書　106 ページ **1**、107 ページ **2**、108 ページ **3**

① 面⑰に垂直な面はいくつありますか。

（　　　　　　　　　　　）

② 面⑰に平行な面はどれですか。

（　　　　　　　　　　　）

③ 辺ＡＤと平行な辺はどれですか。

（　　　　　　　　　　　）

④ 辺ＡＢに垂直な面はどれですか。

（　　　　　　　　　　　）

⑤ 面⑰に垂直な辺はどれですか。

（　　　　　　　　　　　）

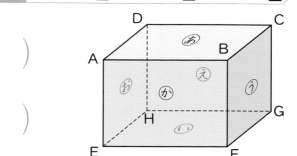

🔍 よくみて

2 右の立方体の展開図を組み立てます。

教科書　106 ページ **1**、108 ページ **3**

① 面⑯に平行な面はどれですか。

（　　　　　　　　　　　）

② 面⑳に平行な面はどれですか。

（　　　　　　　　　　　）

③ 面⑰に垂直な面はどれですか。

（　　　　　　　　　　　）

④ 辺ＡＢに垂直な面はどれですか。

（　　　　　　　　　　　）

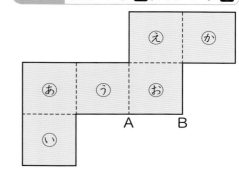

3 下の図の続きをかいて、見取図を完成させましょう。

教科書　109 ページ **4**

①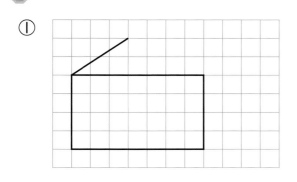

②

🐾 ヒント

2 組み立てたときにとなり合う面、向かい合う面を考えましょう。

3 見取図は、正面の形と見えている辺をかき、見えない辺は点線でかきます。

119

教科書 下110〜111ページ　答え 47ページ

✏ 次の □ にあてはまる数を書きましょう。

🎯 めあて 平面上の点の位置の表し方がわかるようにしよう。　練習 ①→

　平面上の点の位置は、もとにする点を決めて、2つの長さの組で表すと、正かくに表すことができます。

1 右の図で、点A(エー)をもとにして、点B(ビー)、点C(シー)、点D(ディー)の位置をそれぞれ表しましょう。

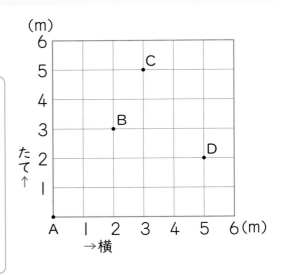

とき方 点Bは、点Aから横に2m進み、そこからたてに ① □ m 進んだ位置にあるので、

（横 ② □ m、たて ③ □ m）と表します。

　点Cは、（横 ④ □ m、たて ⑤ □ m）、

　点Dは、（横 ⑥ □ m、たて ⑦ □ m）

と表します。

🎯 めあて 空間にある点の位置の表し方がわかるようにしよう。　練習 ②→

　空間にある点の位置は、もとにする点を決めて、3つの長さの組で表すと、正かくに表すことができます。

2 右の直方体で、頂点G(ジー)の位置は、頂点E(イー)をもとにして、（横8cm、たて3cm、高さ0cm）と表すことができます。点Gと同じように、点C、点Bの位置をそれぞれ表しましょう。

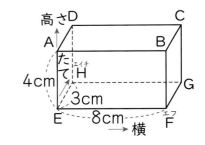

とき方 点Cは、頂点Gから高さ ① □ cm の位置にあるので、（横8cm、たて3cm、高さ ② □ cm）と表します。

　点Bは次のように表します。

（横 ③ □ cm、たて ④ □ cm、高さ ⑤ □ cm）

横、たて、高さ
の順だね。

練習

★ できた問題には、「た」をかこう！★

でき ① でき ②

1 右の図で、点Bの位置は、点Aをもとにして、（横３m、たて２m）と表すことができます。

教科書 110ページ **1**

① 点Aをもとにして、点C、点Dの位置をそれぞれ表しましょう。

点C （　　　　　　　　　）

点D （　　　　　　　　　）

② 次の点を右の図の中にかきましょう。

点E…（横５m、たて４m）

点F…（横０m、たて３m）

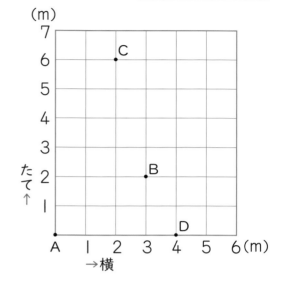

🔍 よくみて

2 右の直方体で、頂点Fの位置は、頂点Eをもとにして、
（横 10 cm、たて０ cm、高さ０ cm）と表すことができます。

教科書 111ページ **2**

① 頂点Eをもとにして、頂点Dの位置を表しましょう。

（　　　　　　　　　　　　　　　）

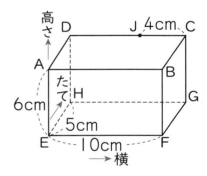

⚠ まちがい注意

② 頂点Eをもとにして、点Jの位置を表しましょう。

（　　　　　　　　　　　　　　　）

③ 頂点Eをもとにしたとき、次のように表される頂点はどれですか。

㋐（横 10 cm、たて５ cm、高さ６ cm）　㋑（横 10 cm、たて５ cm、高さ０ cm）

（　　　　　　）　　　　　　　　（　　　　　　）

㋒（横 10 cm、たて０ cm、高さ６ cm）　㋓（横０ cm、たて５ cm、高さ０ cm）

（　　　　　　）　　　　　　　　（　　　　　　）

 **2** ② 点Jは頂点Dからは、10−4＝6で、横に６cmの位置にあります。

121

⑭ 直方体と立方体

時間 30 分
／100
ごうかく 80 点

教科書 下 100〜113 ページ　答え 48 ページ

知識・技能　　　　　　　　　　　　　　　　　　　　　／90点

1 右の図は、長方形だけでかこまれた形です。
各4点(24点)

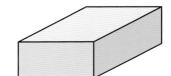

① 何という形ですか。

（　　　　　　　　　　）

② 面、辺、頂点の数は、それぞれいくつですか。

面 （　　　　　　　）　辺 （　　　　　　　）　頂点 （　　　　　　　）

③ 形も大きさも同じ面は、それぞれいくつずつ何組ありますか。

（　　　　　つずつ　　　　　組）

2 下の直方体の展開図を
かきましょう。　(4点)

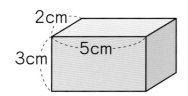

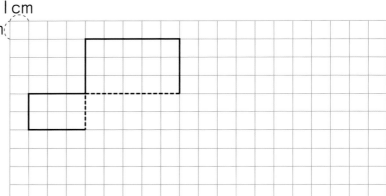

3 よく出る 右の直方体の展開図を組み立てます。
全部できて　1問4点(12点)

① 点アと重なる点はどれですか。

（　　　　　　　　　　）

② 点クと重なる点はどれですか。

（　　　　　　　　　　）

③ 辺オカと重なる辺はどれですか。

（　　　　　　　　　　）

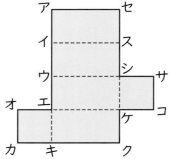

4 よく出る　右の立方体を見て答えましょう。

全部できて　1問5点（25点）

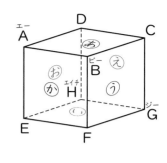

① 面㋕に垂直な面はいくつありますか。（　　　　　　　）

② 辺ＣＤに垂直な面はどれですか。（　　　　　　　）

③ 平行な2つの面が何組ありますか。（　　　　　　　）

④ 頂点Ｆを通って、辺ＥＦに垂直な辺はどれですか。

（　　　　　　　　　　　　　）

⑤ 平行な辺がそれぞれいくつずつ何組ありますか。（＿＿＿＿つずつ＿＿＿＿組）

5 右の図の続きをかいて、見取図を完成させましょう。

各5点（10点）

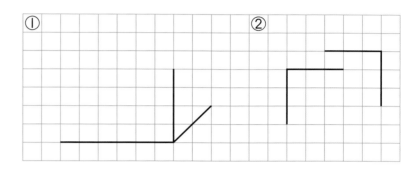

6 右の直方体で、頂点Ｅをもとにして、次の頂点の位置を、横とたての長さと高さで表しましょう。

各5点（15点）

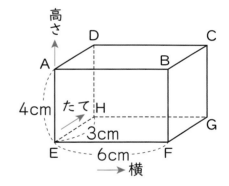

① 頂点Ｃ（　　　　　　　　　　　）

② 頂点Ｂ（　　　　　　　　　　　）

③ 頂点Ｄ（　　　　　　　　　　　）

思考・判断・表現　　　　　　　　　　　／10点

できたらスゴイ！

7 次の図の中から、立方体の展開図ではないものを選び、記号で答えましょう。また、展開図でない理由を説明しましょう。

各5点（10点）

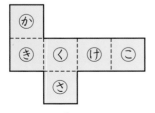
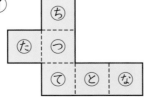
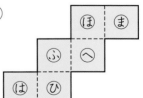

記号（　　　　　　　　）

理由（　　　　　　　　　　　　　　　　　　　　　　　　　　　）

ふりかえり　**1**がわからないときは、116ページの**1**にもどってかくにんしてみよう。

共通部分に注目して

⭐**1** ケーキ１ことシュークリーム４この代金は780円で、ケーキ１ことシュークリーム２この代金は540円です。

ケーキ１ことシュークリーム１このねだんは、それぞれ何円ですか。

ゆうとさんは、下のような図をかいて考えました。◻️にあてはまる数を書きましょう。

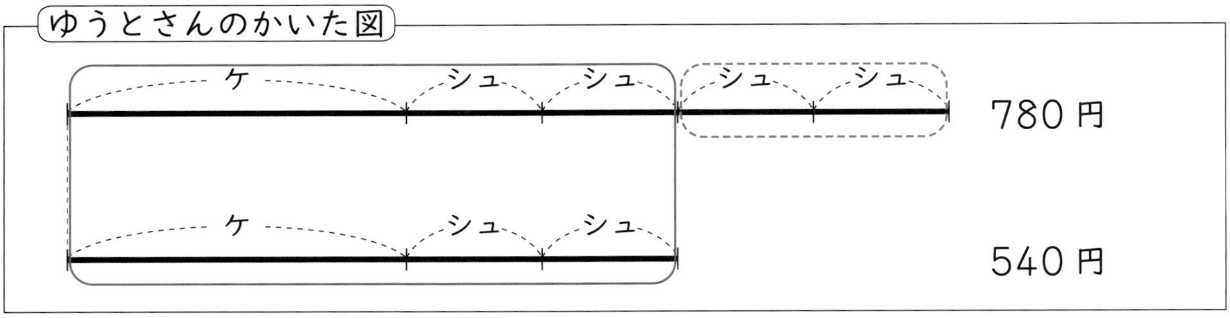

```
┌─ ゆうとさんのかいた図 ──────────────────────────┐
│     ケ      シュ   シュ  ┆シュ   シュ┆            │
│  ●━━━━━━━━┿━━━┿━━━┆●━━━┿━━━┆ 780円       │
│                          └─────────┘            │
│     ケ      シュ   シュ                          │
│  ●━━━━━━━━┿━━━┿━━━●              540円       │
└──────────────────────────────────────────────┘
```

上の図で、◻️の部分は同じだから、⌐ ̄◻️ ̄¬の部分は

^(ア)◻️ − ^(イ)◻️ ＝ 240（円）　　240円はシュークリーム^(ウ)◻️この

代金だから、シュークリーム１このねだんは、240÷^(エ)◻️＝^(オ)◻️（円）

ケーキ１ことシュークリーム２この代金は540円だから、ケーキ１この

ねだんは、540−^(カ)◻️×２＝^(キ)◻️（円）
　　　　　　　└─ シュークリーム１このねだん

答え　ケーキ^(ク)◻️円、シュークリーム^(ケ)◻️円

⭐**2** 動物園の入園料は、大人２人と子ども１人では680円で、大人２人と子ども３人では960円です。大人１人と子ども１人の入園料は、それぞれ何円ですか。

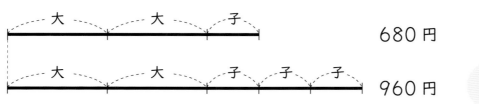

共通部分に
注目するよ。

式

答え　大人（　　　　　　　）子ども（　　　　　　　）

3 あめ 5 ことガム 2 この代金は 270 円で、あめ 5 ことガム 3 この代金は 330 円です。下の図の続きをかいて、あめ 1 ことガム 1 このねだんを、それぞれ求めましょう。

図
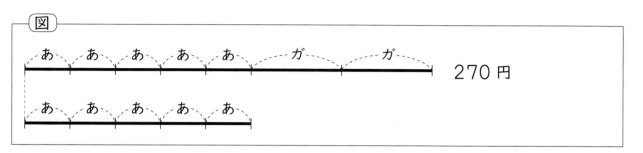

式

答え　あめ（　　　　　　　　）ガム（　　　　　　　　）

4 ノート 2 さつとえん筆 5 本の代金は 620 円で、ノート 2 さつとえん筆 2 本の代金は 440 円です。ノート 1 さつとえん筆 1 本のねだんは、それぞれ何円ですか。

式

図をかいて
考えるといいよ。

答え　ノート（　　　　　　　　）えん筆（　　　　　　　　）

数と計算

1 数字で書きましょう。　各5点（10点）

① 十三億七千八百万五千二十

（　　　　　　　　　　）

② 九千四兆六百三十億

（　　　　　　　　　　）

2 計算をしましょう。わり算は商を整数で求め、わりきれないときはあまりも出しましょう。　各4点（16点）

① 492×683　② 357×804

③ 97÷27　④ 281÷32

3 四捨五入して、（　）の中の位までのがい数にしましょう。　各5点（10点）

① 63518（一万の位）

（　　　　　　　　　　）

② 7964052（十万の位）

（　　　　　　　　　　）

4 計算をしましょう。　各4点（12点）

① (80＋20)×7

② 80＋20×7

③ 15×2−18÷6

5 くふうして計算しましょう。　各6点（12点）

① 98×9

② 25×74×4

6 計算をしましょう。わり算は、わりきれるまでしましょう。　各4点（24点）

① 2.83＋5.69　② 40−8.27

③ 7.2×43　④ 0.69×14

⑤ 88.4÷26　⑥ 2.21÷34

7 計算をしましょう。　各4点（16点）

① $\frac{5}{7}+\frac{6}{7}$

② $\frac{7}{8}-\frac{3}{8}$

③ $1\frac{1}{6}+2\frac{4}{6}$

④ $3\frac{2}{5}-\frac{3}{5}$

4年のふくしゅう

図形

時間 **20**分　／100

ごうかく **80**点

教科書　下 118〜122 ページ　　答え　50 ページ

1 あ〜うの角度を計算で求めましょう。

各6点(18点)

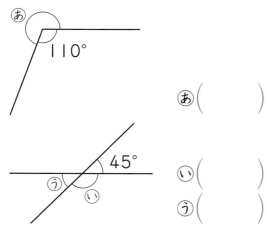

110°

45°

あ（　　　　）

い（　　　　）

う（　　　　）

2 下の図で、カ〜クの直線は平行です。あ、いの角度は、それぞれ何度ですか。

各6点(12点)

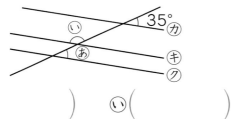

35°

あ（　　　　）　　い（　　　　）

3 下のア〜オの四角形の名前を書きましょう。（アの四角形の向かい合った1組の辺は平行です。）

各5点(25点)

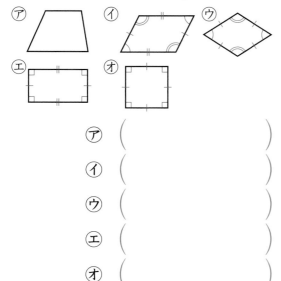

ア（　　　　）

イ（　　　　）

ウ（　　　　）

エ（　　　　）

オ（　　　　）

4 右の図は、長方形だけでかこまれた形です。

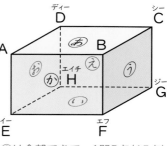

②、③は全部できて　1問5点(15点)

① 何という立体ですか。

（　　　　）

② 辺ＡＢに平行な辺はどれですか。

（　　　　）

③ 面あに垂直な面はどれですか。

（　　　　）

5 次の図形の面積を求めましょう。

各6点(18点)

① たてが6cm、横が8cmの長方形

（　　　　）

② 1辺が8cmの正方形

（　　　　）

③ たてが12m、横が5mの長方形

（　　　　）

6 右の形の、色のついた部分の面積を求めましょう。

各6点(12点)

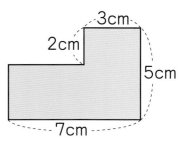

3cm

2cm

5cm

7cm

式

答え（　　　　）

まとめのテスト

4年のふくしゅう

変化と関係・データの活用

1 たて 2 cm、横 3 cm の長方形のあつ紙を、下の図のように 1 列にならべます。 ①は全部できて 1問10点(20点)

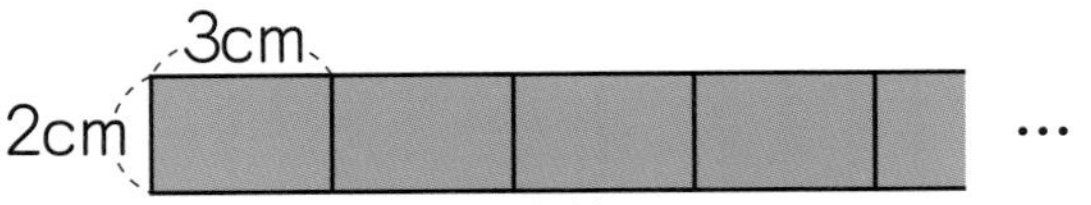

3cm
2cm [長方形の図] …

① 長方形の数と面積を、下の表に整理しましょう。

長方形の数(こ)	1	2	3	4
面積 (cm²)	6			

② 長方形の数を□こ、面積を○ cm² として、□と○の関係を式に表しましょう。 ( )

2 8月24日の気温を調べて、折れ線グラフに表しました。 各10点(30点)

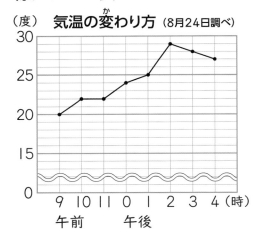

（度） 気温の変わり方 (8月24日調べ)

9 10 11 0 1 2 3 4 (時)
午前　　午後

① たてのじくの 1 めもりは、何度を表していますか。( )

② 気温が変わっていないのは、何時と何時の間ですか。
( )

③ 気温の変わり方がいちばん大きいのは、何時と何時の間ですか。
( )

3 下の表を見て答えましょう。
①は全部できて 1問10点(30点)

スポーツの好ききらい調べ　　（人）

		サッカー		合計
		好き	きらい	
野球	好き	15	7	22
	きらい	㋐	6	15
合計		24	㋑	㋒

① 上の表の、㋐、㋑、㋒ にあてはまる数を入れて、表を完成させましょう。

② 野球とサッカーのどちらも好きな人は何人ですか。
( )

③ 野球が好きな人は何人ですか。
( )

4 野菜がねあがりしています。ある店では、きゅうりと小松菜のねだんを下のようにねあげしました。
　ねだんの上がり方が大きいのは、どちらといえますか。

式・答え 各10点(20点)

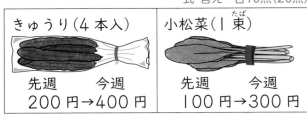

きゅうり（4本入）	小松菜（1束）
先週　　今週	先週　　今週
200円→400円	100円→300円

式

答え ( )

東京書籍版・小学算数4年

(切り取り線)

夏のチャレンジテスト

★

教科書 上8〜93ページ

名前

月　　　日

時間 **40**分

ごうかく80点

/100

答え52ページ

◎用意するもの…ものさし、分度器

知識・技能　　　　　/70点

1 数字で書きましょう。　各3点(6点)

① 1兆を2こ、1億を4500こあわせた数

〔　　　　　　　　　　　　　　〕

② 10億を47こ集めた数

〔　　　　　　　　　　　　　　〕

2 次の計算をしましょう。　各3点(24点)

① 　259
　×341

② 　683
　×907

4 次の計算をしましょう。　各3点(12点)

① 0.73+2.45

② 5+0.69

③ 5.21−4.76

④ 2−0.053

5 分度器を使って、次の角度をはかりましょう。

③ $630 \div 7$　　④ $4000 \div 8$

⑤ $4\overline{)76}$　　⑥ $3\overline{)92}$

⑦ $4\overline{)827}$　　⑧ $6\overline{)455}$

3 2.735 という数について答えましょう。各3点(6点)

① $\frac{1}{100}$ の位(くらい)の数字は何ですか。

② 7は何が7こあることを表していますか。

各3点(6点)

①
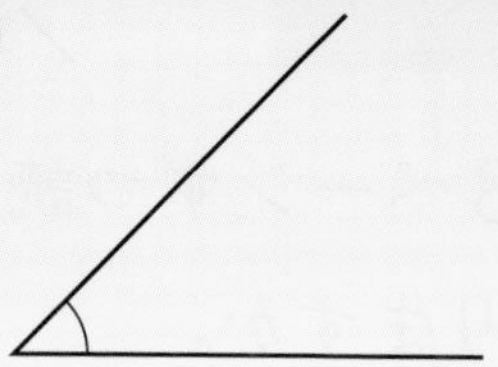

②
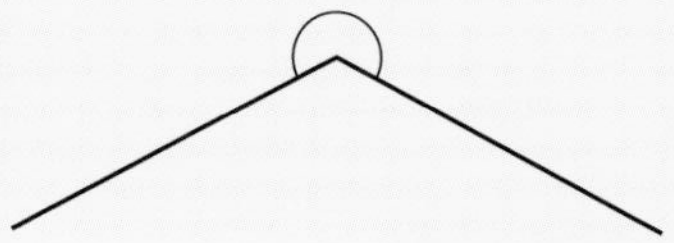

6 下の図のような三角形をかきましょう。(4点)

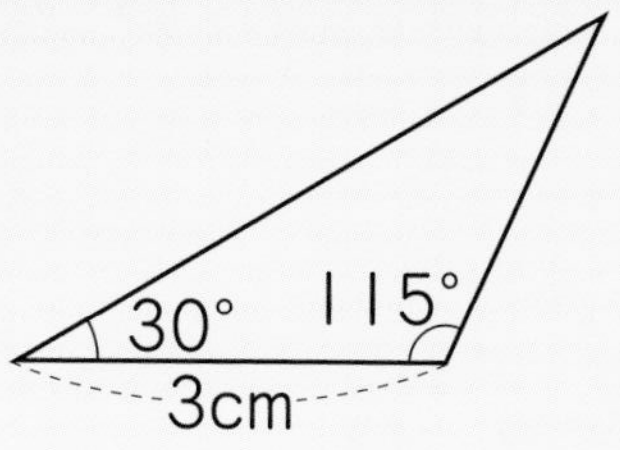

うらにも問題があります。

(切り取り線)

春のチャレンジテスト

教科書 下58〜117ページ

時間 **40**分

ごうかく80点 /100

答え**54**ページ

名前　　　　月　　　日

知識・技能

1 次の計算をしましょう。

各3点(24点)　/75点

①
$$\begin{array}{r} 4.8 \\ \times\ 7 \\ \hline \end{array}$$

②
$$\begin{array}{r} 0.9 \\ \times\ 6 \\ \hline \end{array}$$

③
$$\begin{array}{r} 3.8 \\ \times\ 5 \\ \hline \end{array}$$

④
$$\begin{array}{r} 12.7 \\ \times\ 54 \\ \hline \end{array}$$

⑤
$$\begin{array}{r} 69.5 \\ \times\ 80 \\ \hline \end{array}$$

⑥
$$\begin{array}{r} 0.85 \\ \times\ 26 \\ \hline \end{array}$$

4 次の計算の商を四捨五入して、上から2けたの がい数で求めましょう。

各2点(4点)

① 27.8÷9

（　　　　）

② 83.9÷37

（　　　　）

5 右の図は、長方形だけでかこまれた形です。

②・③・④は全部でできて 1問3点(15点)

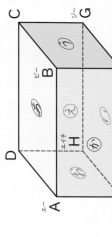

① 何という形ですか。

⑦ 4) 29.28

⑧ 73) 5.11

2 商は一の位まで求めて、あまりも出しましょう。

各3点(6点)

① 8) 57.6

② 34) 79.5

3 わりきれるまで計算しましょう。

各3点(6点)

① 52) 39

② 46) 39.1

② 辺CDに垂直（へんしーでぃー すいちょく）な辺はどれですか。全部答えましょう。

（　　　　　　　）

③ 辺CDに平行な辺はどれですか。全部答えましょう。

（　　　　　　　）

④ 面あに垂直な辺はどれですか。全部答えましょう。

（　　　　　　　）

⑤ 面あに平行な面はどれですか。全部答えましょう。

（　　　　　　　）

 うらにも問題があります。

4年 学力しんだんテスト

算数のまとめ

名前

月　日

時間 40分

ごうかく80点 /100

答え 56ページ

1 次の数を数字で書きましょう。
各2点(4点)

① 10億を5こ、1000万を2こあわせた数

（　　　　　　　）

② 1億を10000倍した数

（　　　　　　　）

2 次の計算をしましょう。②は商を一の位まで求めて、あまりもだしましょう。⑥はわり切れるまで計算しましょう。
各2点(20点)

① 39）117

② 17）436

③
```
  2.58
+ 1.46
```

④
```
  5.31
- 4.67
```

4 次の問題に答えましょう。
式・答え 各2点(8点)

① たて20m、横30mの長方形の花だんの面積は何m²ですか。

式

答え（　　　　　　）

② 1辺が500mの正方形の土地の面積は何haですか。

式

答え（　　　　　　）

5 次のあ、い、うの角はそれぞれ何度ですか。
各2点(6点)

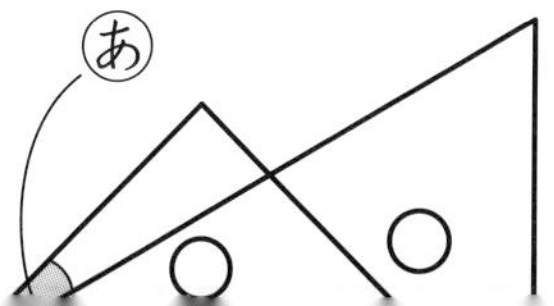

あ（　　　　　　）

(切り取り線)

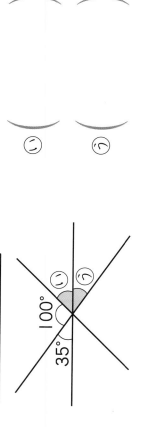

⑤
$$\begin{array}{r} 3.7 \\ \times\ 2\,9 \\ \hline \end{array}$$

⑥ $24\,\overline{)\,8.4}$

⑦ $\dfrac{5}{7} + \dfrac{4}{7}$

⑧ $1\dfrac{4}{5} + \dfrac{2}{5}$

⑨ $\dfrac{11}{8} - \dfrac{5}{8}$

⑩ $1\dfrac{1}{4} - \dfrac{2}{4}$

6 次のせいしつにあてはまる四角形を、□のあ〜おからすべて選んで、記号で答えましょう。　全部できて 各3点(9点)

① 向かい合った2組の辺が平行である。

② 向かい合った2組の角の大きさが等しい。

③ 2つの対角線の長さが等しい。

あ 長方形　　い 正方形　　う 台形
え 平行四辺形　　お ひし形

3 1組と2組で、いちごとみかんのどちらが好きかを調べたら、下の表のようになりました。①〜③にあてはまる数を書きましょう。　各2点(6点)

	いちご	みかん	合計
1組	①	②	14
2組	③	11	19
合計	17	16	33

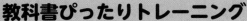

教科書ぴったりトレーニング
答えとてびき

東京書籍版　算数4年

問題がとけたら…
① まずは答え合わせを しましょう。
② 次にてびきを読んで かくにんしましょう。

🏠 **おうちのかたへ** では、次のようなものを示しています。

・学習のねらいやポイント
・他の学年や他の単元の学習内容とのつながり
・まちがいやすいことやつまずきやすいところ

お子様への説明や、学習内容の把握などにご活用ください。

⏰ **しあげの5分レッスン** では、
学習の最後に取り組む内容を示しています。
学習をふりかえることで学力の定着を図ります。

答え合わせの時間短縮に 丸つけラクラク解答 **デジタル** もご活用ください！

右の QR コードをスマートフォンなどで読み取ると、
赤字解答の入った本文紙面を見ながら簡単に答え合わせができます。

丸つけラクラク解答デジタルは以下の URL からも確認できます。
https://www.shinko-keirinwebshop.com/shinko/2024pt/rakurakudegi/MTS4da/index.html

※丸つけラクラク解答デジタルは無料でご利用いただけますが、通信料金はお客様のご負担となります。
※QR コードは株式会社デンソーウェーブの登録商標です。

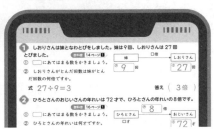

---

① 大きい数のしくみ

ぴったり1 じゅんび　2 ページ

1 千(1000)、百(100)、四千二百七十五億八千万

2 65、2730、六十五兆二千七百三十億

ぴったり2 練習　3 ページ　　てびき

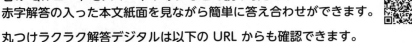

1 ① 六億八千三百五十万三千三百二十五
　② 五十二兆三百七十億九千百二十五万

2 ① 90701230050
　② 23030050000000
　③ 380520000
　④ 7000600030000

1
兆	億	万	
①		683503325	
②	52037091250000		

✌ 右から 4 けたごとに区切ると読みやすいね。

2 ①、②は漢字で書き表されていない位に、③は
●がない位に、0 を書きます。

① 九百七億｜百二十三万｜　　五十
　907 ■ 123｜■■ 50

② 二十三兆｜三百億｜五千万
　23 ■300｜5000｜■■■■

🏠 **おうちのかたへ** 「億」や「兆」の大きな数も、「一、
十、百、千」の4つの位を繰り返していることをしっ
かり理解させましょう。

③ ① 350億 ② 86
③ 5345 ④ 10000

④ ①⑦ 5億 ⑦ 12億 ⑦ 27億
②⑤ 9000億 ⑦ 1兆800億

③ ④ 整数は、位が1つ左に進むごとに、10倍になるしくみになっています。5億から5兆は、位が4つ左に進んでいます。

④ ① いちばん小さい1めもりは1億です。
② いちばん小さい1めもりは100億です。

> ✌ まず、いちばん大きい1めもりが表している数をよんで、その数の10等分はいくつか考えればいいね。

ぴったり1 じゅんび 4ページ

1 ① 1 ② 1 ③ 74000000000 ④ 740000000 ⑤ 740
⑥ 7 ⑦ 4000

2 987654321、1023456789

ぴったり2 練習 5ページ

てびき

① ① 10倍した数 900億
$\frac{1}{10}$ にした数 9億
② 10倍した数 4兆
$\frac{1}{10}$ にした数 400億
③ 10倍した数 50兆
$\frac{1}{10}$ にした数 5000億
④ 10倍した数 830兆
$\frac{1}{10}$ にした数 8兆3000億

② ① 9876543210
② 1023456798

③ ① 100000000000
② 999999999995

① 整数を10倍すると、位は1けたずつ上がり、$\frac{1}{10}$ にすると、位は1けたずつ下がります。
② 10倍すると、位は1けたずつ上がるから、千億の位の4は一兆の位になります。
③ $\frac{1}{10}$ にすると、位は1けたずつ下がるから、一兆の位の5は千億の位になります。

> 🏠 おうちのかたへ 整数のしくみをしっかり理解させることが大切です。
> 10倍した数や $\frac{1}{10}$ にした数が、「億から兆」や「兆から億」と変わるとき、まちがいが多くなります。理解が不十分なときは、位取りの表を使って考えさせるようにしましょう。

② ① 10けたの整数は●十億になるから、つくることができるいちばん大きい整数を考えます。
② まず、いちばん小さい整数をつくります。
いちばん左の位には0のカードは置けないので、いちばん小さい整数は、1023456789です。

③ ① いちばん左の位は0をのぞいた数の中でいちばん小さい数1にします。次の位からは0を使うことができるので、いちばん小さい整数は、1を1回0を11回使った数になります。
② 同じ数字を何回使ってもよいので、いちばん大きい整数は、999999999999です。

> ⏱ しあげの5分レッスン **②** や **③** で、「3ばんめに大きい整数は?」、「90億にいちばん近い整数は?」、「いちばん小さい整数から1をひくといくつになる?」など、数づくりゲームをしてみよう。

1 (1)① 3　② 50　③ 400　④ 125934
(2)⑤ 7　⑥ 600　⑦ 116544
2 ① 3　② 2368000

1

① 　 193
　×246
　1158
　772
　386
　47478

② 　 865
　×492
　1730
　7785
　3460
　425580

③ 　 207
　×369
　1863
　1242
　621
　76383

④ 　 570
　×683
　1710
　4560
　3420
　389310

2

① 　 916
　×402
　1832
　3664
　368232

② 　 608
　×703
　1824
　4256
　427424

③ 2500
　×　50
　125000

④ 3800
　×　90
　342000

⑤ 　 740
　×2300
　222
　148
　1702000

⑥ 4500
　×160
　270
　45
　720000

1 数が大きくなっても、筆算のしかたは同じです。

2 ①・② かける数の十の位の、積が0になる計算を省いて、百の位の積を2けたずらして書きます。

① 　 916
　×402
　1832
　(000) ←省きます。
　3664
　368232

③〜⑥ 終わりに0のある数のかけ算は、0を省いて計算し、その積の右に、省いた0の数だけ0をつけます。

③ 　2500　　省く　→　25×100
　×　50　　　　→　　5×10
　125000　←　25×5 ×1000
　　　　　　つけたします。

おうちのかたへ 0のあるかけ算はくふうすると計算が簡単になりますが、まちがいも起きやすいので、くふうのしかたを正しく理解させて、まちがいを防ぐように注意させましょう。

しあげの5分レッスン まちがえた問題をもう1回やってみよう。積が0になる計算を省いた後に積を書く位置は特に注意しよう。

1 ① 3　② 一兆の位
③ 2ばんめ　千億（1000億）
　5ばんめ　一億（1億）

2 ① 3118200000000
② 50270000000
③ 290000000
④ 70300000000000

3 ⑦ 8500億　① 9200億　⑦ 1兆

4 ① 360億
② 6兆2000億

5 ① 58億　② 4000億

6 ①
```
    728
  ×354
   2912
  3640
 2184
 257712
```
②
```
    508
  ×472
   1016
  3556
 2032
 239776
```
③
```
    937
  ×604
   3748
 5622
 565948
```
④
```
   7200
  ×  60
 432000
```
⑤
```
    240
  ×3900
    216
   72
  936000
```
⑥
```
   2800
  ×670
    196
  168
  1876000
```

7 0、1、2、3

8 説明（例）　かける数の十の位の、積が0になる計算を省いたら、かける数の百の位の積は2けたずらして書かなければいけないのに、1けたしかずらしていない。

正しい計算
```
    387
  ×406
   2322
  1548
  157122
```

1

一	千	百	十	一	千	百	十	一				
兆				億				万	千	百	十	一
8	2	0	3	2	9	4	7	5	0	0	0	0

2 ①・②　漢字で書き表されていない位には0を書きます。
④　1000億を703こ集めた数は70兆3000億です。

3 いちばん小さい1めもりは100億です。

4 整数を10倍すると、位は1けたずつ上がります。
② 千億の位の6は一兆の位に、百億の位の2は千億の位になります。

5 整数を $\frac{1}{10}$ にすると、位は1けたずつ下がります。
② 一兆の位の4は千億の位になります。

6 ③ かける数の十の位の、積が0になる計算を省いて、くふうして計算します。
④〜⑥ 0を省いて計算し、その積の右に、省いた0の数だけ0をつけるくふうをして計算します。

おうちのかたへ 整数のかけ算の筆算は、このあと4年生や5年生で学習する小数のかけ算でも使います。しっかりと理解させておくようにしましょう。

7 十億の位の7と一億の位の4が同じなので、千万の位の□と3、百万の位の5と6をくらべます。
⑦74□5920000　①7436180000

8
```
    387
  ×406
   2322
  （000）
  1548
  157122
```
省いてもよいです。

かける数の十の位の、積が0になる計算は省いてもよいよ。省いたら、百の位の積を2けたずらすのをわすれないようにしよう。

しあげの5分レッスン かけ算の筆算でまちがえた問題は、どこをまちがえたか見直して、もう1回やってみよう。

② 折れ線グラフと表

ぴったり1 じゅんび　　10 ページ

1 ① 18　② 27　③ 3　④ 4
　 ⑤ 9　⑥ 10
2 月、気温、(右の図)

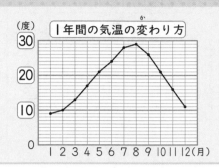

ぴったり2 練習　　11 ページ　　**てびき**

1 ① 1　② 1、2　③ 3、4、6
　 ④ 7、8　⑤ 8、9

2 ①⑦ 時　④ 度　⑤ 0　⑤ 25
　 ⑦ 1日の気温の変わり方

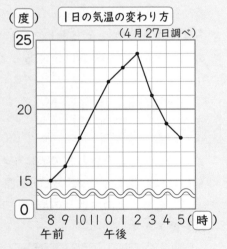

　 ② 20度(ぐらい)

1 ① 0度から10度の間を10等分しているから、
　 1めもりは1度になります。
　 ② 線がま横になっているところをさがします。
　 ③ 線が右に上がっていて、かたむきがいちばん
　 急なところをさがします。

おうちのかなへ 3年生で学習した棒グラフは、
棒の長さで数の多い少ないを比べました。折れ線グラ
フは、増える減るだけでなく、その変わっていくよう
すを表すグラフであることを理解させましょう。

2 ① ⑤…15から20の間を5等分しているから、
　 1めもりは1です。20から5めもりで、25。
　 午前11時の気温がわかりませんが、午前
　 10時と午後0時の気温を表すところの点を直
　 線で結んで折れ線グラフをかきましょう。
　 ② 午前11時のめもりと折れ線の交わるところ
　 をよみます。

おうちのかなへ データの最大値と最小値から、
グラフの縦の軸の目もりが表す数を決めたり、〰〰
の印を使って、目もりの途中を省いた方がよいか考
えたり、グラフのおおまかな形をイメージしてから、
グラフをかかせるようにしましょう。また、点・を正
しい位置にうつことは、6年生で学習する比例のグラ
フでも必要とされるので、しっかり練習させましょう。

しあげの5分レッスン 折れ線グラフの「・」や「上が
り方や下がり方」をよむことと、折れ線グラフに表す
ことのどちらもできるようにしよう。

ぴったり1 じゅんび　　12 ページ

1 (1) 3　(2) 4　(3) 校庭、ぶつかる
2 (1) クロール、平泳ぎ　(2) 5

❶ ①

けがをした場所と原いん（5月） （人）

場所＼原いん	ぶつかる		転ぶ		ひねる		落ちる		合計
校庭	丅	2	正	4	一	1		0	7
体育館	一	1	丅	2	一	1	一	1	5
教室	丅	2	一	1		0		0	3
ろう下	一	1	丅	2		0		0	3
合計	6		9		2		1		18

② 2、ぶつかる、校庭、転ぶ

❷ ①

海と山の好ききらい調べ （人）

海	山	人数（人）
○	○	15
○	×	4
×	○	6
×	×	3

＼山 海＼		好き	きらい	合計
海	好き	15	4	19
	きらい	⑦ 6	3	9
合計		21	7	28

② 海がきらいで山が好きな人

❶ ① 落ちや重なりがないように、調べたものに印をつけてチェックをしながら、「正」の字を書いて表に整理しましょう。

> ✌ 1人…一、2人…丅、3人…下、
> 4人…正、5人…正、と表すよ。

右の表の「体育館でひねる」を、左の表に書き入れるときは、左の表の 体育館 を横に見て、ひねる をたてに見て、交わったところに「正」の字を書き入れます。

場所＼原いん	ぶつかる	転ぶ	ひねる
校庭			↓
体育館 →			一

② ・①でつくった表から「教室でいちばん多かった原いん」の人数をよむとき

　　表の左の 教室 を横に見ると、いちばん大きい数は 2 で、2 をたてに見ると、ぶつかる です。教室でいちばん多かった原いんは、ぶつかるであることがわかります。

　・①でつくった表から「いちばん多かった（場所と原いん）」をよむとき

　　表に書き入れた数のうち、合計をのぞくいちばん大きい数の 4 を横とたてに見ると、校庭 で、原いんが 転ぶ けがであることがわかります。

場所＼原いん	ぶつかる	転ぶ
校庭 ←	丅 2	正 4

❷ ① まず、データをいちばん左の表に整理します。それをもとに、真ん中の表に人数を書きます。最後に、真ん中の表の右はじの合計、下の合計に人数を書きます。

② ⑦は 海 きらい と 山 好き が交わったところです。

⏰ しあげの5分レッスン　「正」の字を使ってデータを数えて表に書き入れたあとに、右はじの合計の和と下の合計の和が、それぞれデータの合計になっているかたしかめて、落ちや重なりがないかのチェックをしよう。

1 い、え

2 ① 月、気温　② 11、25
③ 10、11

3 ①

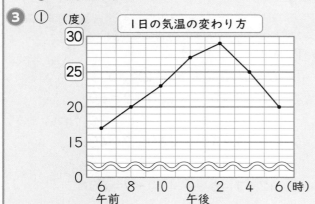

1日の気温の変わり方

② い

4 ① 3　② 1　③ 校庭

5 ⑦ 15　④ 6　⑦ 3　⑤ 32

6

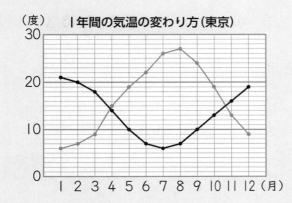

1年間の気温の変わり方(東京)

3月(と)4月(の間)、10月(と)11月(の間)

1 変わっていくもののようすを表すときには、折れ線グラフを使います。

2 ③ 線が右に下がっていて、いちばんかたむきが急なところをさがします。

3 ① グラフのたてのじくを見ると、15度と20度の間を5等分しているから、1めもりは1度です。
まず、めもりが表す数を書いていきます。
次に、それぞれの月の気温を表すところに点をうち、点を順に直線で結びます。
グラフの上の □ には、表題を書きます。
② あ 点と点の間の気温は、必ず正かくとはいえません。
い 気温が上がっている午前6時から午後2時で考えます。

4 ① ひねる をたてに見て、合計のところをよみます。
② 体育館 を横に見て、落ちる をたてに見て、交わったところをよみます。
③ 表の横にたした合計を見ます。上から順に11、6、4、4です。いちばん大きい数が11だから、校庭 だとわかります。

5 ⑦ 表をたてに見ます。
⑦+8=23 ⟶ ⑦=23-8=15
④ 表を横に見ます。
⑦+④=21 だから、
15+④=21 ⟶ ④=21-15=6
⑦ 表を横に見ます。
8+⑦=11 ⟶ ⑦=11-8=3
⑤ 23+9=32 (21+11=32)

6 たてのじくは、0度と10度の間を10等分しているから、1めもりは1度です。
キャンベラの、それぞれの月の気温を表すところに点をうち、点を順に直線で結んで、折れ線グラフをかきます。また、東京とキャンベラの気温が同じになるのは、2つの折れ線グラフが交わったところです。

おうちのかたへ 気温が同じになる月を読み取る以外にも、2つのグラフを比べて、共通点やちがいなど気づいたことを話し合うことで、折れ線グラフの理解を深めさせましょう。

③ わり算の筆算(1)

1 60、6、2、20
2 100、2、200

ぴったり2 練習　17ページ　　　　　　　　てびき

1 ① 30　② 20　③ 10
④ 60　⑤ 40　⑥ 60
⑦ 80　⑧ 60　⑨ 50

2 ① 400　② 100　③ 300
④ 200　⑤ 700　⑥ 500
⑦ 900　⑧ 500　⑨ 800

3 式　200÷4=50　　　答え　50こ

1 10をもとにして考えます。
① $6÷2=3 \longrightarrow 60÷2=30$　10が3こ
④ $18÷3=6 \longrightarrow 180÷3=60$　10が6こ
⑤ $36÷9=4 \longrightarrow 360÷9=40$　10が4こ
⑥ $42÷7=6 \longrightarrow 420÷7=60$　10が6こ
⑧ $30÷5=6 \longrightarrow 300÷5=60$　10が6こ
⑨ $40÷8=5 \longrightarrow 400÷8=50$　10が5こ

2 100をもとにして考えます。
① $8÷2=4 \longrightarrow 800÷2=400$　100が4こ
② $7÷7=1 \longrightarrow 700÷7=100$　100が1こ
③ $9÷3=3 \longrightarrow 900÷3=300$　100が3こ
④ $12÷6=2 \longrightarrow 1200÷6=200$　100が2こ
⑤ $28÷4=7 \longrightarrow 2800÷4=700$　100が7こ
⑧ $30÷6=5 \longrightarrow 3000÷6=500$　100が5こ
⑨ $40÷5=8 \longrightarrow 4000÷5=800$　100が8こ

3 全部のこ数 ÷ 分ける数 = 1つ分のこ数
なので、200÷4です。
200を10をもとにして考えます。
$20÷4=5 \longrightarrow 200÷4=50$

1 (1)① 2　② 6　③ 25　④ 8　⑤ 1　⑥ 28　⑦ 1
(2)⑧ 1　⑨ 1　⑩ 4　⑪ 16　⑫ 5　⑬ 3　⑭ 145　⑮ 3

8

1
① 23　けん算…4×23＝92
② 15あまり4　けん算…6×15+4＝94
③ 22あまり1　けん算…3×22+1＝67
④ 40あまり1　けん算…2×40+1＝81

2
① 157あまり4
② 134
③ 324あまり1
④ 120あまり5
⑤ 208あまり2
⑥ 201あまり3

3　式　82÷6＝13あまり4　　　答え　14日

---

1 わり算の筆算は、大きい位から計算します。計算のとちゅうでも、あまりはわる数より小さくなるようにします。「たてる」「かける」「ひく」「おろす」の順に計算します。

①
```
    23
4)92
   8
  12
  12
   0
```
②
```
    15
6)94
   6
  34
  30
   4
```
③
```
    22
3)67
   6
   7
   6
   1
```
④
```
    40
2)81
   8
   1
   0
   1
```
←一の位の0を書きわすれないようにしましょう。
←省いてもよいです。

けん算は
わる数×商+あまり＝わられる数
でします。

2 3けた÷1けたの筆算も、2けた÷1けたの筆算と同じしかたでできます。

①
```
   157
5)789
   5
  28
  25
  39
  35
   4
```
②
```
   134
6)804
   6
  20
  18
  24
  24
   0
```
⑤
```
   208
3)626
   6
   2
   0
  26
  24
   2
```
←省いてもよいです。

3 13日だと、まだ4ページ残っているから、全部読むには、もう1日かかります。
13+1＝14

1 ① 234　② 23　③ 7　④ 8　⑤ 24　⑥ 78
2 ① 8　② 0　③ 80　④ 80　⑤ 5

---

1 答え　い、う
　　説明(例)　わられる数の百の位の数が、わる数
　　　　　　　より小さいから。

2

```
①    58        ②    78        ③    43
   7)408          8)629          5)215
     35             56             20
     58             69             15
     56             64             15
      2              5              0
```

```
④    96        ⑤    79        ⑥    41
   2)192          4)316          7)289
     18             28             28
     12             36              9
     12             36              7
      0              0              2
```

```
⑦    62        ⑧    50        ⑨    60
   3)186          9)453          6)360
     18             45             36
      6              3              0
      6
      0
```

1 わられる数の百の位の数が、わる数より小さいものをさがします。

2 (3けたの数)÷(1けたの数)の筆算で、わられる数の百の位の数が、わる数より小さいときは、その右の十の位の数までふくめた数で計算を始めるから、商は十の位からたちます。

⏰ **しあげの5分レッスン** はじめに商の見当をつけよう。それから筆算をして、最後にけん算もしよう。

---

1 ① 40　② 40　③ 40　④ 10　⑤ 4　⑥ 14
2 17、170

---

1 ① 40、6　② 40、18　③ 80、14
2 ① 13　② 12　③ 23
　　④ 14　⑤ 27　⑥ 19
　　⑦ 19　⑧ 16　⑨ 15
3 ① 140　② 430　③ 310
　　④ 130　⑤ 120　⑥ 260
　　⑦ 140　⑧ 180　⑨ 150

2 ⑤ 54÷2
　　　40⌢14
　　　❶　❷

　❶ 40÷2＝20
　❷ 14÷2＝ 7
　　あわせて　 27

3 わられる数を、10をもとにして考えます。
　⑥ 78÷3＝26 ⟶ 780÷3＝260
　⑨ 120÷8＝15 ⟶ 1200÷8＝150

🏠 **おうちのかたへ** 筆算をさせて、暗算の考え方と比べさせてみましょう。右のように、商の十の位の3は60÷2＝30を、商の一の位の7は14÷2＝7を意味していることを確かめさせるとよいでしょう。

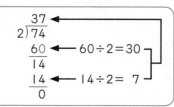

```
        37 ◄──────┐
     2)74         │
       60 ◄── 60÷2＝30
       14         │
       14 ◄── 14÷2＝ 7
        0
```

① ① 50　② 40　③ 800

② 3×24+2=74

③
① 12÷6=72筆算：
```
    12
6)72
    6
   12
   12
    0
```
② 32÷3：
```
    32
3)98
    9
    8
    6
    2
```
③ 10：
```
    10
6)65
    6
    5
```

④
```
   123
8)988
   8
  18
  16
  28
  24
   4
```
⑤
```
   137
5)685
   5
  18
  15
  35
  35
   0
```
⑥
```
   207
4)829
   8
  29
  28
   1
```

⑦
```
    74
4)298
  28
  18
  16
   2
```
⑧
```
    56
6)336
  30
  36
  36
   0
```
⑨
```
    90
7)634
  63
   4
```

④
① 説明（例）　あまりはわる数より小さくなくてはいけないのに、あまりのほうが大きくなっている。
正しい答え　24 あまり 1
② 説明（例）　わられる数のいちばん大きい位の数が、わる数より小さいから百の位に商はたたないのに、百の位から商をたてている。
正しい答え　52

⑤ 1、2、3、4

⑥ 式　114÷8=14あまり2　　答え　15回

⑦ ある数　78
正しい答え　26

---

① 10や100をもとにして考えます。
① 15÷3=5 —→ 150÷3=50
③ 64÷8=8 —→ 6400÷8=800

② わる数×商+あまり=わられる数

③ ③・⑨　商の一の位に0を書くのをわすれないようにしましょう。
⑥　商の十の位に0を書くのをわすれないようにしましょう。
⑦〜⑨　わられる数の百の位の数がわる数より小さいから、商は十の位からたちます。

🏠 おうちのかたへ　①は、暗算で答えを出すこともできます。筆算で計算したら、暗算のしかたを考えさせるのもよいでしょう。

④ 正しくは、
①
```
    24
4)97
   8
  17
  16
   1
```
②
```
    52
7)364
  35
  14
  14
   0
```

⑤ わられる数の百の位の数4とわる数□をくらべます。

⑥ 14回運ぶと荷物が2こ残るから、全部運ぶには、あと1回運びます。　14+1=15

🏠 おうちのかたへ　文章題を解くときは、商や余りが表すものを考えて、答えを求めさせるようにしましょう。

⑦ ある数を□とすると、
□×3=234 —→ □=234÷3=78
正しい答えは、78÷3=26

4 角の大きさ

1 ア、40

2 ① 180　② 215　③ 360　④ 215　⑤ 215

てびき

1 あ 65°　い 30°　う 100°
　　え 125°

1 分度器を使って角度をはかるときは、0°の線を合わせたほうのめもりをよみます。

あ　65°

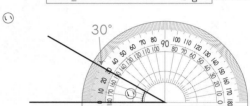

30°　い

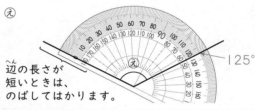

え　125°

辺の長さが
短いときは、
のばしてはかります。

> **🏠 おうちのかたへ** 角の大きさをはかるときは、分度器の中心を角の頂点にぴったり合わせることに注意させましょう。

2 ①あ 125°
　　い 125°
　②う 55°

2 ①あ　180−55＝125
　　い　180−55＝125
　②う　180−125＝55

3 あ 230°　い 315°

3 180°より大きい角度をはかるときは、180°と●°に分けたり、反対側の角度をはかるなどのくふうをしましょう。

あ　180＋50　　　　360−130

い　180＋135　　　　360−45

> **⏱ しあげの5分レッスン** 角の大きさをはかる前に、90°より大きいか小さいか、180°より大きいか小さいか、見当をつけてからはかってみましょう。

1　4、40、60、ウ

てびき

1　①

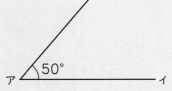

②

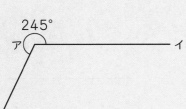

2　①

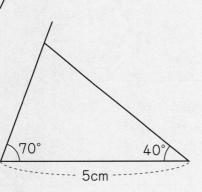

②

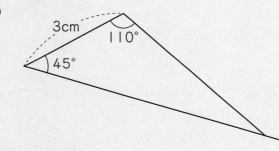

3　①　30　②　60　③　45
　④　45

1　❶　分度器の中心を点アに合わせます。

❷　0°の線を辺アイに合わせます。

❸　かきたい角の大きさのめもりのところに点を
うちます。

❹　点アと❸でうった点を通る直線をひきます。

②　245°の角をかくときは、180°に 65°を
たす方法や、360°から 115°をひく方法など
を使ってかきます。

2　①

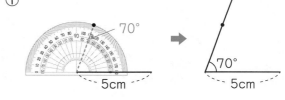

②

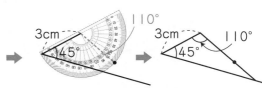

おうちのかたへ　3年生ではコンパスを使って3
辺の長さから三角形をかきました。ここでは、分度器
を使って1辺の長さとその両端の角の大きさから三角
形をかいています。このかき方を利用して、あとで平
行四辺形やひし形をかく学習もします。また、5年生
では、2辺の長さとその間の角の大きさから三角形を
かくことも学習し、中学2年生で学習する合同条件へ
とつながっていきます。

3　1組の三角じょうぎの角度は、それぞれ 30°、
60°、90° と 45°、45°、90° です。

1 ① 2、180　② 4、360

2 あ 20°　い 115°

3 ① 50°　② 135°

4 あ 112°　い 68°

5 ① 225°　② 305°

6 ①

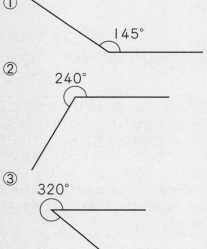
145°

②
240°

③
320°

1 1直角＝90°です。

2

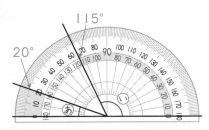
115°
20°

3 ①

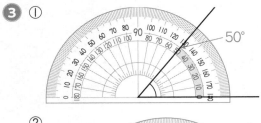
50°

②

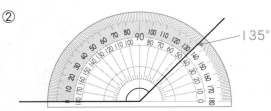
135°

4 あ 180−68＝112
　　い 180−112＝68

5 ① 180＋45　　　　360−135

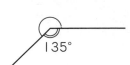
180°
45°
135°

② 180＋125　　　360−55

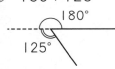
180°
125°

55°

6 ③ 320°の角をかくときは、180°に
140°をたす方法や、360°から40°
をひく方法などを使います。

7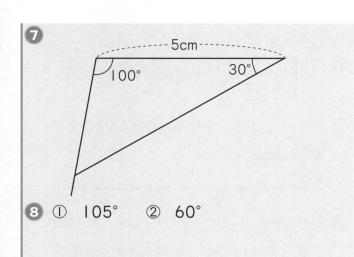

7 まず、5cm の辺からかき始めます。

8 ① 105°　② 60°

8 ①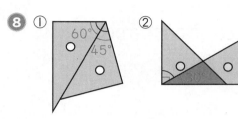

60+45＝105　　90−30＝60

🕐しあげの5分レッスン 180°より大きい角をはかっ
たりかいたりする考え方は2通りあります。1つの考
え方でできたら、もう1つの考え方でもしてみよう。
両方の考え方ができるようになっておこう。

5 小数のしくみ

ぴったり1 じゅんび　32ページ

1 (1) 0.03、1.73、七三　　(2) 0.007、1.587、五八七
2 0.6、0.04、0.008、2.648

ぴったり2 練習　33ページ　　　　　　てびき

1 ① 0.04、7　② 0.34
　　③ 0.002、9
2 ①⑦ 0.95 m　　④ 1.01 m
　　⑦ 1.07 m　　④ 1.19 m
　②⑦ 6.693 m　④ 6.697 m
　　⑦ 6.709 m　④ 6.715 m

3 ① 1.843 km　② 0.14 km
　　③ 5.23 m　　④ 3.05 kg
　　⑤ 0.307 kg　⑥ 0.091 kg

1 ②　水のかさは、0.3 L と、0.04 L で
　　0.34 L です。
2 ①　0.9 から 1 までは 0.1 で、それを 10 等分
　　している から、いちばん小さい 1 めもりは
　　0.01 m です。
　②　6.69 から 6.7 までは 0.01 で、それを 10
　　等分しているから、いちばん小さい 1 めもり
　　は 0.001 m です。
3 ①・②　100 m は 0.1 km、10 m は 0.01 km、
　　1 m は 0.001 km です。
　④〜⑥　100 g は 0.1 kg、10 g は 0.01 kg、
　　1 g は 0.001 kg です。

ぴったり1 じゅんび　34ページ

1 7、$\frac{1}{1000}$、0.001
2 4.8、48、0.048、0.0048

❶ ① 3、0、7、5　　② 8、$\frac{1}{1000}$

❷ ① ＜　　② ＞

❸ ⑦、①、①、⑦

❹ ① 6.5、65、0.065、0.0065
　② 3.6、0.36

❺ ① 7こ　　② 62こ　　③ 380こ

❶ ②

一の位	$\frac{1}{10}$ の位	$\frac{1}{100}$ の位	$\frac{1}{1000}$ の位
6	4	8	3

❷ ①は $\frac{1}{100}$ の位、②は $\frac{1}{10}$ の位でくらべます。

❸ 数を数直線に表します。

8.5　　　　　　8.55　　　　　　8.6
⑦①①　　　　　　　　⑦

❹ 小数も整数と同じように、10倍すると、位は
1けたずつ上がります。また、$\frac{1}{10}$ にすると、
位は1けたずつ下がります。

❺

	一の位	$\frac{1}{10}$ の位	$\frac{1}{100}$ の位
	0	0	1
①	0	0	7
②	0	6	2
③	3	8	0

🏠おうちのかたへ　小数も10倍または $\frac{1}{10}$ ごとに位をつくっていることや、大きな位の数から順に見て大小を比べることなど、小数のしくみと整数のしくみは同じになっていることを、しっかり理解させましょう。位取りの表や数直線を使って、10倍や $\frac{1}{10}$ ごとになっていることの理解を深めさせてもよいでしょう。

❶ (1) 5.72　　(2) 6.30、6.3　　(3) 5.493
❷ (1) 0.46　　(2) 5.35　　(3) 5.13

❶ ①8.13　　　　②1.21
　③7.057　　　④　5.43
　　　　　　　　　+1.97
　　　　　　　　　7.40

　⑤　0.372　　　⑥　4.94
　　+0.058　　　　+12.06
　　0.430　　　　17.00

　⑦　2.54　　　⑧　14.8
　　+3.8　　　　　+　0.52
　　6.34　　　　　15.32

　⑨　18
　　+　7.63
　　25.63

❶ たし算を筆算でするときは、小数点をたてにそろえて書けば、位がそろいます。和の小数点は上の小数点にそろえてうちます。わすれないようにしましょう。

　⑤　0.372　　　　⑥　　4.94
　　+0.058　　　　　　+12.06
　　0.430　　　　　　　17.00
　小数点　　　　　　　消します。
　└0を書きわすれないようにしましょう。

16

2

① 1.79　　② 2.76

③ 12.8　　④ $\begin{array}{r} 8.49 \\ -4.3 \\ \hline 4.19 \end{array}$

⑤ $\begin{array}{r} 5.242 \\ -0.67 \\ \hline 4.572 \end{array}$　　⑥ $\begin{array}{r} 10.3 \\ -9.51 \\ \hline 0.79 \end{array}$

⑦ $\begin{array}{r} 9 \\ -4.74 \\ \hline 4.26 \end{array}$　　⑧ $\begin{array}{r} 3 \\ -0.065 \\ \hline 2.935 \end{array}$

⑨ $\begin{array}{r} 1 \\ -0.028 \\ \hline 0.972 \end{array}$

---

2 ひき算を筆算でするときは、小数点をたてにそろえて書けば、位がそろいます。差の小数点は上の小数点にそろえてうちます。わすれないようにしましょう。

④ $\begin{array}{r} 8.49 \\ -4.30 \\ \hline 4.19 \end{array}$　←　4.3 は 4.30 と考えます。

⑥ $\begin{array}{r} 10.30 \\ -9.51 \\ \hline 0.79 \end{array}$　←　10.3 は 10.30 と考えます。

0 を書きわすれないようにしましょう。

⑦ $\begin{array}{r} 9.00 \\ -4.74 \end{array}$　←　9 は 9.00 と考えます。

🏠 おうちのかたへ　小数点の位置を縦にそろえて筆算の形に書いたら、小数点より右側であいているところには0があることを意識させましょう。0を書き入れるのもよい方法です。答えに小数点をうつこと、答えが1より小さいときに左端に0を書くこと、右端の0を消すこと以外は、3年生で学習した整数のたし算とひき算と同じであることを理解させましょう。

ぴったり3 たしかめのテスト　**38〜39ページ**　**てびき**

1 ① 4.25 kg　② 2.605 km
③ 1.46 m

2 ① 5　② $\dfrac{1}{1000}$、0.001

3 ① ＞　② ＜　③ ＞　④ ＞

4 ① 0.83、8.3　② 0.76、0.076

---

1 ① 100 g は 0.1 kg、10 g は 0.01 kg、1 g は 0.001 kg です。
② 1000 m は 1 km、100 m は 0.1 km、10 m は 0.01 km、1 m は 0.001 km です。
③ 10 cm は 0.1 m、1 cm は 0.01 m です。

2

一の位	$\frac{1}{10}$ の位	$\frac{1}{100}$ の位	$\frac{1}{1000}$ の位
1	8	5	2

3 小数も整数と同じように、大小をくらべるときは、大きな位の数字からくらべていきます。
① 一の位の数字でくらべます。
② $\dfrac{1}{100}$ の位の数字でくらべます。
③ $\dfrac{1}{10}$ の位の数字でくらべます。
④ $\dfrac{1}{100}$ の位の数字でくらべます。

4 ① 10 倍すると、位は 1 けたずつ上がります。
② $\dfrac{1}{10}$ にすると、位は 1 けたずつ下がります。

⑤ 9.07、907こ

⑥
①
```
  24.57
+  1.68
───────
  26.25
```
②
```
  0.064
+ 0.136
───────
  0.200
```
③
```
   6.5
+ 0.543
───────
  7.043
```
④
```
   7.45
−  6.89
───────
   0.56
```
⑤
```
   5.2
−  0.38
───────
   4.82
```
⑥
```
  23
−  0.84
───────
  22.16
```
⑦
```
   12.6
+   4.83
───────
   17.43
```
```
   17.43
−  14.35
───────
    3.08
```
⑧
```
   7
−  5.85
───────
   1.15
```
```
   1.15
−  0.15
───────
   1.00
```

⑦ ①

2　　　　　　　　　　　2.5

② ㋐ 0.04　　㋑ 2、3、6

⑧ ①説明(例)　筆算の位がそろっていません。
　　正しい答え　40.06
　②説明(例)　$\frac{1}{100}$ の位の計算がたし算になっています。
　　正しい答え　3.58

⑨ (例)　0.01をもとにして考えると、10.45は0.01が1045こ、7.82は0.01が782こだから、10.45−7.82の答えは、1045−782=263をもとにして求められます。

⑤ 9から10までは1で、それを10等分しているから、いちばん大きい1めもりは0.1です。いちばん小さい1めもりは、それをさらに10等分しているから、0.01です。

⑥ 筆算をするときは、小数点をたてにそろえて書くと位がそろいます。和や差の小数点は、上の小数点にそろえてうちます。

⑦ ① 2から2.5までは0.5で、それを5等分しているから、いちばん大きい1めもりは0.1です。いちばん小さい1めもりは、それをさらに10等分しているから、0.01です。

⑧
①
```
    4.26
+ 35.80
───────
  40.06
```
35.8は35.80と考えます。
②
```
   5.30
−  1.72
───────
   3.58
```
5.3は5.30と考えます。

⑨ 小数のひき算は、0.01や0.001などをもとにして考えることもできます。

おうちのかたへ この単元の後、第13単元でも、0.1をもとにして考えて、整数のかけ算やわり算の計算でできます。

考える力をのばそう

ちがいに注目して　40〜41ページ　　てびき

1 ①㋐ 6　　㋑ 50　　㋒ 6
　②㋓ 6　　㋔ 44　　㋕ 44
　　㋖ 22　　㋗ 22　　㋘ 22
　　㋙ 28　　㋚ 28　　㋛ 6
　　㋜ 56　　㋝ 56　　㋞ 28
　　㋟ 28　　㋠ 28　　㋡ 22
　　㋢ 22

1 ① はるかさんの図が、けんたさんの図より長くなっている部分は、2人の持っている色紙のまい数のちがいを表しています。
② えりさんの考え
　ちがいの部分を取って、けんたさんの持っているまい数にそろえて2等分します。
　ひろきさんの考え
　ちがいの部分をたして、はるかさんの持っているまい数にそろえて2等分します。

2 ① ⑦ 80   ④ 16
② 式 80−16=64
　　　 64÷2=32
　　　 32+16=48
答え　（ゆかさん）32（こ）、（えみさん）48（こ）
③ 式 80+16=96
　　　 96÷2=48
　　　 48−16=32
答え　（えみさん）48（こ）、（ゆかさん）32（こ）

3 ⑦ 20   ④ 20   ⑦ 210
式（例）　20×3=60
　　　　 210−60=150
　　　　 150÷3=50
　　　　 50+20=70
　　　　 70+20=90
　　　　　　 答え　50 cm、70 cm、90 cm

2 ②　ちがいの部分を取って、ゆかさんの持ってい
るこ数にそろえて 2 等分します。
③　ちがいの部分をたして、えみさんの持ってい
るこ数にそろえて 2 等分します。

3
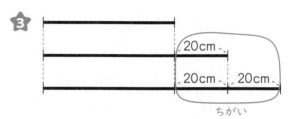

ちがいの部分を取って、いちばん短いリボンの
長さにそろえて 3 等分します。

別の考え

ちがいの部分をたして、いちばん長いリボンの
長さにそろえて 3 等分します。
20×3=60、210+60=270、
270÷3=90、90−20=70、
70−20=50

🏠 おうちのかたへ　2番目の長さのリボンにそろえ
る求め方もできます。いろいろな求め方を考えさせる
とよいでしょう。

 ## そろばん

そろばん　42〜43ページ　　　　　　　　　　てびき

1 ① 273054　② 68194750
③ 85.4

2 ①⑦ 8　④ 10　⑦ 1　④ 11.75
② 9.8

3 ① 8.5　② 5.96　③ 10.01
④ 12.6　⑤ 12.9　⑥ 8兆

4 ① 7.27
②⑦ 2　④ 5　⑦ 1　④ 0.2
　⑦ 2.2

5 ① 3.5　② 5.32　③ 2.13
④ 3.9　⑤ 0.8　⑥ 31億

1 ・整数を表すときは、いちばん右にある定位点を
一の位とします。
・小数を表すときは、一の位として決めた定位点
の右を $\frac{1}{10}$ の位とします。

2、**3**　まず、たされる数を入れて、たす数を大
きい位の数からたしていきます。

4、**5**　まず、ひかれる数を入れて、ひく数を大
きい位の数からひいていきます。

19

6 わり算の筆算(2)

1 ① 16 ② 4 ③ 4 ④ 4 ⑤ 4 ⑥ 4 ⑦ 4
2 5、30、4、30

1 ① 4　② 3　③ 2
　④ 6　⑤ 4　⑥ 7
　⑦ 8　⑧ 7　⑨ 6

2 ① 3あまり10　② 1あまり30
　③ 3あまり10　④ 4あまり30
　⑤ 8あまり20　⑥ 9あまり30
　⑦ 8あまり50　⑧ 7あまり70
　⑨ 5あまり50

3 ① 4あまり60　② 5あまり10

1 10をもとにして考えます。
　① 80÷20 ⟹ 8÷2=4
　　10が8こ　10が2こ
　⑨ 300÷50 ⟹ 30÷5=6
　　10が30こ　10が5こ

2 10をもとにして考えたときは、あまりも、10のこ数です。
　① 70÷20 ⟹ 7÷2=3あまり1
　　10が7こ　10が2こ　　　　　10が1こ
　だから、70÷20=3あまり10

3 10をもとにして考えます。
　① 340は10が34こ、70は10が7こ
　だから、34÷7=4あまり6
　あまりの6は10が6こということだから、
　あまりは60になります。
　② わる数が70、あまりが80で、あまりがわる数より大きくなっているから、商を1大きくします。

⏰しあげの5分レッスン 「あまり<わる数」や「あまりも10をもとにした数」に注意して計算し、けん算をして答えをたしかめよう。けん算は、わる数×商+あまり=わられる数 だよ。

1 (1)① 3　② 93　③ 0　(2)④ 48　⑤ 3　⑥ 36
　(3)⑦ 54　⑧ 4　⑨ 72　(4)⑩ 150　⑪ 5　⑫ 7

1 ① 2　② 3　③ 4

1 わる数を何十の数とみて、まず、商の見当をつけましょう。わられる数も何十の数とみてもよいです。
　① 64÷32　別の考え方 64÷32
　　　↓　　　　　　　　↓　　↓
　　　30　　　　　　　 60　 30

① 2 / 32)64 / 64 / 0
② 3 / 24)72 / 72 / 0
③ 4 / 23)92 / 92 / 0

2 ① 2あまり3　けん算…42×2+3=87
　　② 3あまり10　けん算…21×3+10=73

3 ① 3あまり11
　　② 5あまり1
　　③ 4あまり8

4 ① 4あまり5
　　② 3あまり6
　　③ 2あまり24

5 ① 8あまり4
　　② 9あまり14
　　③ 7あまり71

2 ①
```
      2
42)87
    84
     3
```
②
```
      3
21)73
    63
    10
```

けん算は

| わる数 |×| 商 |+| あまり |=| わられる数 |

でします。

✌答えのたしかめをすることを「けん算」といったね。

3 かりの商をたてて考えます。
① 24を20とみます。
```
      4        1小さくする。    3
24)83      ➡        24)83
   96                      72
  ひけない                   11
```
② 18を20とみます。
```
      4        1大きくする。    5
18)91      ➡        18)91
   72                      90
   19                       1
  まだひける
```
③ 13を10とみます。
```
      6    1小さくする。    5    1小さくする。    4
13)60  ➡      13)60  ➡      13)60
   78                  65                  52
  ひけない                ひけない                8
```

4 かりの商が大きすぎたときは、商を小さくしていき、かりの商が小さすぎたときは、商を大きくしていきます。
①
```
      4
15)65
   60
    5
```
②
```
      3
26)84
   78
    6
```
③
```
      2
34)92
   68
   24
```

5 わられる数が3けたになっても、同じように筆算できます。
①
```
       8
32)260
   256
     4
```
②
```
       9
57)527
   513
    14
```
③
```
       7
83)652
   581
    71
```

ぴったり1 じゅんび　48ページ

1 (1)① 1　② 4　③ 128
　　(2)④ 3　⑤ 0
　　(3)⑥ 3　⑦ 534　⑧ 534　⑨ 83

❶ ① 　　　　17
　　　49)848
　　　　49
　　　　358
　　　　343
　　　　　15

② 　　　　28
　　　28)791
　　　　56
　　　　231
　　　　224
　　　　　7

③ 　　　　23
　　　42)996
　　　　84
　　　　156
　　　　126
　　　　30

④ 　　　　34
　　　25)851
　　　　75
　　　　101
　　　　100
　　　　　1

⑤ 　　　　19
　　　34)673
　　　　34
　　　　333
　　　　306
　　　　27

⑥ 　　　　41
　　　16)656
　　　　64
　　　　16
　　　　16
　　　　　0

❷ ① 　　　　20
　　　43)893
　　　　86
　　　　33

② 　　　　70
　　　13)922
　　　　91
　　　　12

③ 　　　　40
　　　19)760
　　　　76
　　　　　0

❸ ① 　　　　　3
　　126)378
　　　378
　　　　　0

② 　　　　　3
　　273)825
　　　819
　　　　　6

③ 　　　　　2
　　320)930
　　　640
　　　290

❶ 百の位に商はたたないから、十の位から商を
たてます。

＜おうちのかたへ＞ かりの商を2回たてることもあ
ります。たてたかりの商でかけた積が「ひけるか」、「余
りがわる数より小さいか」を1回ずつ確かめて、てい
ねいに根気よく筆算をさせましょう。

一の位の0を書きわすれないようにしましょう。

❷ ① 　　　　20
　　　43)893
　　　　86
　　　　33
　　　（00
　　　　33）

② 　　　　70
　　　13)922
　　　　91
　　　　12
　　　（00
　　　　12）

③ 　　　　40
　　　19)760
　　　　76
　　　　0
　　　（0
　　　　0）

省いてもよいです。

❸ わる数が3けたになっても、筆算のしかたは
同じです。

❶ (1)① 10　　② 48　　③ 8　　④ 6　　⑤ 6
　(2)⑥ 4　　⑦ 1200　　⑧ 100　　⑨ 12
❷ (1)① 9　　② 54　　③ 0　　④ 90
　(2)⑤ 4　　⑥ 400　　⑦ 400

❶ あ、う、え

❷ (例) 24÷4、240÷40、12÷2

❶ い　わられる数とわる数に同じ数をかけたり、
　　わったりしても280÷40になりません。

❷ 商が6になるわり算の式を1つ考えたら、その
式のわられる数とわる数に同じ数をかけたり、同
じ数でわったりした式を考えれば、その式も商が
6になります。

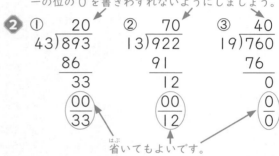

　24　÷　4　　　　　24　÷　4
　↓×10　↓×10　　　↓÷2　↓÷2
　240　÷　40　　　　12　÷　2

③ ① 4　② 9　③ 5
　④ 6　⑤ 8　⑥ 16

④ ①
```
      70
 80)5600
    56
     0
```
②
```
      28
300)8400
     6
    24
    24
     0
```
③
```
       8
650)5200
    520
      0
```

⑤ ①
```
      17
 20)350
    2
   15
   14
   10
```
②
```
       5
540)2800
    270
    100
```
③
```
      12
400)5000
    4
   10
    8
  200
```

③ わり算では、わられる数とわる数に同じ数をかけても商は変わりません。また、わられる数とわる数を同じ数でわっても、商は変わりません。
このことを使って、くふうします。

③　$70 \div 14$
　　$\downarrow \div 7$　$\downarrow \div 7$
　　$10 \div 2$

⑥　$400 \div 25$
　　$\downarrow \times 4$　$\downarrow \times 4$
　　$1600 \div 100$
　　　　$\downarrow \div 100$　$\downarrow \div 100$
　　　　$16 \div 1$

④ 終わりに０のある数のわり算は、わる数の０とわられる数の０を、同じ数ずつ消してから計算することができます。

⑤ ０を消したわり算で、あまりを求めるときは、消した０の数だけあまりに０をつけます。

🏠 おうちのかたへ　５年生で学習する小数÷小数の筆算でも、商をわり算の性質を使って工夫した後、余りはわられる数のもとの小数点の位置にそろえてうつことを学習するので、余りはわられる数のもとの位と同じになることを意識させましょう。

ぴったり3　たしかめのテスト　52〜53ページ　てびき

❶ ① 5　② 2あまり10
　③ 7あまり40

❷ ①
```
      2
32)76
   64
   12
```
②
```
      3
23)83
   69
   14
```
③
```
      5
17)91
   85
    6
```
④
```
      6
58)395
   348
    47
```
⑤
```
      6
44)282
   264
    18
```
⑥
```
      4
35)160
   140
    20
```
⑦
```
      27
24)658
   48
  178
  168
   10
```
⑧
```
      17
46)782
   46
  322
  322
    0
```
⑨
```
      30
19)587
   57
   17
```

❸ あ、え

❶ 10をもとにして考えます。

❷ まず、わる数を何十とみてかりの商をたてます。かりの商が大きすぎたときは商を小さくしていき、小さすぎたときは商を大きくしていきます。
わられる数が３けたになっても、同じように筆算できます。④〜⑨は商が何の位からたつかを考えましょう。

🏠 おうちのかたへ　「かりの商をたてる→かける→ひく→あまりとわる数の大きさをくらべる」を繰り返せばよいことを理解させましょう。

❸ あ　わられる数とわる数に10をかけると、$420 \div 60$ になります。
　い、う　わられる数とわる数に同じ数をかけたり、わったりしても $420 \div 60$ になりません。
　え　わられる数とわる数を２でわると、$420 \div 60$ になります。

④ ①
$$\begin{array}{r} 450 \\ 400\overline{)180000} \\ 16 \\ \hline 20 \\ 20 \\ \hline 0 \end{array}$$

②
$$\begin{array}{r} 12 \\ 70\overline{)870} \\ 7 \\ \hline 17 \\ 14 \\ \hline 30 \end{array}$$

③
$$\begin{array}{r} 6 \\ 900\overline{)6000} \\ 54 \\ \hline 600 \end{array}$$

④ 終わりに 0 のある数のわり算は、わる数の 0 とわられる数の 0 を、同じ数ずつ消してから計算することができます。あまりを求めるときは、消した 0 の数だけあまりに 0 をつけます。

⑤ 説明(例)　わる数の 15 を 20 とみて、62÷20 で考えて、かりの商 3 をたてています。

正しい筆算　
$$\begin{array}{r} 4 \\ 15\overline{)62} \\ 60 \\ \hline 2 \end{array}$$

⑤ あまり>わる数だから、かりの商は小さいことがわかります。

⑥ 0、1、2

⑥ 83×10=830 だから、商を 10 より小さくするには、わられる数は 830 より小さくします。

⑦ 式　700÷32=21 あまり 28
答え　1 人に 21 まいずつ配れて、28 まいあまる。

⑦ 同じ数ずつ配るから、わり算の式になります。

⑧ 式　26×29+10=764
764÷42=18 あまり 8
答え　18 あまり 8

⑧ ある数 ÷26＝29 あまり 10 だから、ある数はわられる数です。だから、
わる数 × 商 ＋ あまり ＝ わられる数 を使って、まず、ある数を求めます。

⬤ 倍の見方

ぴったり1 **じゅんび**　**54**ページ

1 9、4、4
2 5、400、400
3 7、7、6、6

ぴったり2 **練習**　**55**ページ　　　てびき

① ①　式　48÷6=8　　　　答え　8 倍
　　②　8
② 式　130×4=520　　　答え　520 cm
③ ①　□×3=72
　　②　24 こ

④ 式　子ネコ　560÷80=7
　　　子イヌ　600÷120=5　　答え　子ネコ

②

④ 生まれたときの体重の何倍になっているかで、くらべます。

1 ① あ　② ポール、木　③ う

2 ① １とみる長さ　赤いテープ

　　　　８にあたる長さ　青いテープ

　② □×8＝160

　③ 20

3 式　68÷4＝17　　　　　　　答え　17倍

4 式　150×8＝1200　　　　　答え　1200g

5 式　□×5＝950

　　　□＝950÷5

　　　　＝190　　　　　　　　　答え　190円

6 ① 割合（わりあい）

　② 式　えん筆　120÷20＝6

　　　　　牛にゅう　125÷25＝5

　　　　　　　　　　　　答え　えん筆

1 ポールの高さ８mを、もとにする大きさ１とみています。

2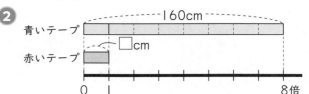

　③ □×8＝160

　　□＝160÷8＝20

3 ４mを１とみたとき、68mはいくつにあたるかを考えます。

4 150gを１とみたとき、８にあたる大きさを考えます。

5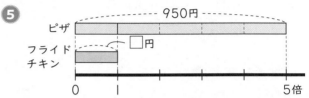

6 ① 50年前のねだんの何倍になっているかでくらべます。もとにする大きさを１とみたとき、くらべられる大きさがどれだけにあたるかを表した数を**割合**といいます。

> **おうちのかたへ**　この単元の後、第13単元では、倍を表す数が１より小さい数の問題も学習します。数の大小からではなく、「もとにする大きさ」と「くらべられる大きさ」を、正しく読み取れるようにさせましょう。

> **しあげの5分レッスン**　まず、１とみる大きさを見つけよう。「●の□倍」の●が１にあたる大きさです。

7 がい数の表し方と使い方

1 40000、50000

2 (1) 6、30000　　(2) 4、160000　　(3) 8、400000

1 ①⑦ 6000　　④ 6000

　②⑦ 6000　　④ 7000

2 ① 約1000　　② 約2000

　③ 約4000

3 ① 約40000　　② 約20000

　③ 約300000

4 小さくなる数　い、え、お

　大きくなる数　あ、う、か

1 6000と7000のどちらに近いかを考えます。

2 百の位（くらい）の数字を見ます。

　② 1⑦56　→　2000

3 千の位の数字を見ます。

　③ 29⑤064　→　300000
　　　　　　　　　↑
　　　　　　29から１ふやします。

4 千の位の数字が、0、1、2、3、4のときは、もとの数より小さくなり、5、6、7、8、9のときは、もとの数より大きくなります。

ぴったり1 じゅんび　60ページ

1 (1) 千、680000　　(2) 百、678000
2 (1) 2、3000　　(2) 3、3300
3 85、94

ぴったり2 練習　61ページ　　てびき

1 ① 50000　② 410000
　③ 250000
2 ① 38000　② 147000
　③ 10000
3 ① 100000　② 400000
　③ 50000　④ 50000
4 ① 380000　② 12000
　③ 28000　④ 90000

5 いちばん小さい数　135
　いちばん大きい数　144

てびき
1 一万の位までのがい数にするから、1つ下の位の千の位で四捨五入します。
2 千の位までのがい数にするから、1つ下の位の百の位で四捨五入します。
3 上から1けたのがい数にするから、1つ下の位の、上から2けためで四捨五入します。
4 上から2けたのがい数にするから、1つ下の位の、上から3けためで四捨五入します。
④　89600　→　90000
　　　　　　　89から1ふやします。

5
　140になるはんい

しあげの5分レッスン 1〜4で、まちがえた問題は、四捨五入する位に印をつけて、もう1回やってみよう。

ぴったり1 じゅんび　62ページ

1 (1) 200、100、400、400
　(2) 200、300、500、1000、こえる
2 (1) 700、50、35000、35000
　(2) 50000、50、1000、1000

ぴったり2 練習　63ページ　　てびき

1 ① あ　② え　③ う

てびき
1 ① 代金の合計を調べるときは、がい数にしないで計算します。
② およその代金を調べるときは、四捨五入して見積もります。
③ たりるかどうかを調べるときは、多く見積もります。

おうちのかたへ「たりるかどうか」と「こえるかどうか」の見積もりのしかたが理解できていないときは、「多く見積もって1000円のとき、1000円で買えるのか、買えないのか？」、また、「少なく見積もって1000円のとき、1000円で買えるのか、買えないのか？」を考えさせましょう。
　お店で買い物をする際に、「およそ何円になるか？」、「○円でたりるか？」、「○円をこえるか？」などの見積もりをさせるとよいでしょう。

2 式　700×40＝28000
　　　　　　　　　答え　約28000円

3 式　20000÷80＝250
　　　　　　　　　答え　約250円

2 上から2けためで四捨五入して、上から1けたのがい数にしてから、かけ算をします。
実さいの金がくは、720×38＝27360で、27360円になり、見積もりに近い金がくになっています。

3 上から2けためで四捨五入して、上から1けたのがい数にしてから、わり算をします。
実さいの金がくは、19900÷81＝245.6…で、約246円になり、見積もりに近い金がくになっています。

ぴったり3　たしかめのテスト　64〜65ページ　　**てびき**

1 あ、う

2 ① 千(の位)、約3470000
　② 百(の位)、3473000
　③ 一万(の位)、3500000

3 ① 10000
　② 440000
　③ 3000000

4 あ、え

5 いちばん小さい数　265
　いちばん大きい数　274

6 ① 2400
　② 500

7 ① 4800000
　② 2000

1 できるだけ正かくに数を表さなければならないものは、がい数で表しません。

2 ① 「約何万」にするということは、「一万の位までのがい数にする」ということだから、1つ下の位の千の位で四捨五入します。
　② 千の位までのがい数にするときは、1つ下の位の百の位で四捨五入します。
　③ 上から2けたのがい数にするときは、1つ下の位の、上から3けためで四捨五入します。

3 一万の位までのがい数にするから、1つ下の位の千の位で四捨五入します。
　③　2995871　→　3000000
　　　　　　　　　　　↑
　　　299から1ふやします。

4 千の位までのがい数にするから、1つ下の位の百の位で四捨五入します。
　あ　50263　→　50000
　い　40732　→　41000
　う　50941　→　51000
　え　49504　→　50000

5
```
      265        270        275
  |—————/‾‾‾‾‾‾‾‾‾‾‾‾‾‾\——————|
         270になるはんい
```

6 百の位までのがい数にするときは、1つ下の位の十の位で四捨五入します。
　①　300＋300＋1800
　②　1000－200－300

7 上から1けたのがい数にするときは、1つ下の位の、上から2けためで四捨五入します。
　①　800×6000
　②　80000÷40

27

⑧ 説明(例)　1000円でたりるかを調べたいから、がい数にするときに、多く見積もります。
　　　　　200＋300＋400＝900で
　　　　　多く見積もっても900円だから、
　　　　　1000円でたりることがわかります。
　　　　　　　　　　　　答え　たりる。

⑧ たりるかを調べるときは、多く見積もります。

⑨ 説明(例)　人数32人と1人分の電車代380円を、上から2けためで四捨五入して、上から1けたのがい数にしてから、交通ひを計算しています。

⑨ 交通ひを求める式は、
　　3⃝8⃝0×3⃝2⃝
　　　↓　　　↓
　　4⃝0⃝0×30

> ⏰しあげの5分レッスン　がい数にする1つ下の位で四捨五入できているか、かくにんしよう。

活用 **算数で読みとこう**

食べ残しをへらそう　　66〜67ページ　　　　　てびき

❶ ①

気がついたこと
　　(例)　11日と13日の気温は34度で高いですが、残った給食の量は、11日は多いが、13日は少ないので、残った給食の量は、気温には関係しません。
② (例)　好きな料理(ハンバーグ、カレーライス、スパゲティーミートソース)の日は、残った給食の量は少なく、苦手な料理(魚料理、に物、野菜いため)の日は、残った給食の量は多いです。
③ できるとよいこと
　　(例)　苦手なものをへらします。
　理由(例)　4年生の半分近くの人が給食を残す理由になっているから。

❶ ① グラフから、次のことがわかります。
　・気温が30度以上の日の残った給食の量
　　2日、3日、11日…多い
　　9日、10日、12日、13日…少ない
　・気温がいちばん低い日の残った給食の量
　　6日(25度)…4番めに多い
② データ1、3、4からわかること
　・残った給食の量が少ない日のメニューには、好きな料理の1位から3位が入っています。
　　9日…ハンバーグ
　　12日…カレーライス
　　13日…スパゲティーミートソース
　データ1、3、5からわかること
　・残った給食の量が多い日のメニューには、苦手な料理の1位から3位が入っています。
　　2日…野菜いため
　　3日…魚のスタミナ焼き
　　11日…野菜と鳥肉のに物
③ 4年生の人数は、
　　38＋12＋10＋6＋14＝80
　　で、80人です。

> 🏠おうちのかたへ　お子さんの学校の給食のことなど、話し合ってみるとよいでしょう。

28

プログラミングを体験しよう！

❶ ①ケ 百　　コ 1000　　サ 百
　　シ 0　　ス 百　　セ 4000
　　ソ 千　　タ 1　　チ 百　　ツ 0
　②テ 百　　イ 5
　　ウ 百　　エ 0
　　オ 千　　カ 1
　　キ 百　　ク 0

❷ ①テ 千　　ト 870000　　ナ 一万
　　ニ 1　　ヌ 千　　ネ 0
　②ア 千　　イ 5
　　ウ 千　　エ 0
　　オ 一万　　カ 1
　　キ 千　　ク 0

❶ ① 21483 を百の位で四捨五入するとき、百の位の数字に注目します。

　　21④83　→　21000

　　73856 を百の位で四捨五入するとき、百の位の数字に注目します。

　　73⑧56　→　74000
　　　　　　　　↑
　　　　　3から1ふやします。

② 21483 や 73856 の四捨五入のしかたからプログラムをつくります。

❷ ① 865374 を千の位で四捨五入するとき、千の位に注目すると、千の位の数字の5は、5以上なので、一万の位の6が1ふえて7になります。

　　がい数は 870000 です。

② ❶と同じようにプログラムを考えます。

　　千の位で四捨五入するので、千の位の数字で一万の位の数が変わります。

❽ 計算のきまり

❶ 120、350、30　（120 と 350 は順番がちがってもよいです。）
❷ (1) 72、72、2、70
　(2) 2、6、54

❶ ① 式　500−(300+130)=70
　　　　　　　　　　　　答え　70円
　② 式　1000−(70×5)=650
　　　　　　　　　　　　答え　650円

❷ ① 300　② 450
　③ 252　④ 384
　⑤ 5　　⑥ 7

❸ ① 90　② 68
　③ 43　④ 35
　⑤ 13　⑥ 5

❶ 出したお金 − 代金 = おつり　で、代金の部分を（　）を使って表すと、1つの式に表すことができます。

② 式の中のかけ算は、ひとまとまりの数とみて、（　）を省いて書くこともあります。

❷ ・（　）のある式では、（　）の中をひとまとまりとみて、先に計算します。

・式の中のかけ算やわり算は、たし算やひき算より先に計算します。

❸ ① 15+25×3=15+75
　③ 5×9−6÷3　　④ 5×(9−6÷3)
　⑤ (5×9−6)÷3　　⑥ 5×(9−6)÷3

1 (1) 3、3、12、388 (2) 100、3700
2 (1)① 5 ② 5 ③ 120 (2)④ 10 ⑤ 100 ⑥ 2400

1 式 (例)(5+2)×13=91 答え 91こ

2 ① 1248 ② 792

3 ① 107 ② 89
③ 2800 ④ 13000

4 ① 540 ② 5400
③ 270 ④ 5400

1 ( )を使わない式は 5×13+2×13 です。

2 ① 104×12=(100+4)×12
=100×12+4×12
② 99×8=(100−1)×8
=100×8−1×8

3 ① 47+(29+31)
② (5.8+4.2)+79
③ 28×(25×4)
④ (125×8)×13

4 かけ算では、かける数が●倍になると、積も●倍になります。また、かけられる数とかける数をそれぞれ10倍にすると、積は100倍になります。

1 ① 18 ② 78 ③ 100
④ 37 ⑤ 12 ⑥ 20

2 ① 4、15、4
② 5.3、10
③ 4、100

3 ①⑦ 5 ⑦ 140
②⑦ 10 ⑦ 280
③ 2800 ④ 2800

4 ① 説明(例) かけ算を先に計算しないといけないのに、ひき算を先に計算しています。
正しい答え 4
② 説明(例) ( )の中を先に計算しないといけないのに、左から順に計算しています。
正しい答え 8

5 500−(120+40×5)

6 式 (500+700)×8=9600
答え 9600円

7 ① ⑦ ② ⑧ ③ ⑨

1 ・( )のある式は、( )の中を先に計算します。
・×や÷は、+や−より先に計算します。

2 ① (■−●)×▲=■×▲−●×▲ を使います。
③ 25×4=100 が使えるように、交かんのきまりを使ってかけ算の順じょを変えます。

3 かけ算では、かける数が●倍になると、積も●倍になります。

4 ① 28−8×3=28−24=4
② 56÷(4+3)=56÷7=8

5 出したお金−代金=おつり

6 まず、ハンカチ1まいとタオル1まいのねだんをひとまとまりにします。

7 ⑧ 4このまとまりと、6このまとまりに分けています。
⑨ 6このまとまりと、14このまとまりに分けています。
⑦ あいているところにも○があるとみて、多く数えたところをひいています。

🏠 おうちのかたへ 計算の順序やきまりは、整数だけでなく、小数や分数の計算でも同じように使います。ここで、しっかり理解させておきましょう。

⑨ 垂直、平行と四角形

ぴったり1 **じゅんび** 　76 ページ

1 垂直、⑦、⑦、⑦　（⑦、⑦、⑦は順番がちがってもよいです。）

2 直角、（右の図）

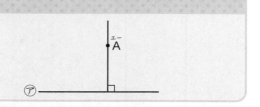

ぴったり2 **練習** 　77 ページ

てびき

1 垂直

2 ①、⑦

3 ①

⑦

A

②

⑦

A

4 ⑦

A　①

②

① 2本の直線が交わってできる角が**直角**のとき、この2本の直線は**垂直**であるといいます。

✌「垂直」は、2本の直線の交わり方を表すことばで、「直角」は、90°の大きさや形を表すことばだよ。まちがえないようにしよう。

2 ①と⑦の直線は、⑦の直線と交わるまでのばしてたしかめましょう。

3、4 2まいの三角じょうぎを用意し、直角の部分を使います。

ぴったり1 **じゅんび** 　78 ページ

1 ① ⑦　② ⑦　③ ⑦　④ ①　⑤ ⑦　⑥ ⑦

A

2 A、（右の図）

⑦

ぴったり2 **練習** 　79 ページ

てびき

1 ⑦（と）⑦、①（と）⑦

2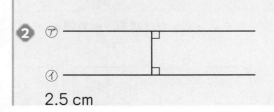

2.5 cm

① 1本の直線に垂直な2本の直線は、平行であるといいます。

⑦の直線と⑦の直線は、⑦の直線と垂直です。

①の直線と⑦の直線は、①の直線と垂直です。

2 平行な直線のはばは、どこも等しくなっています。

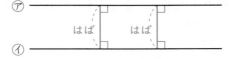

⑦　　はば　はば

①

❸ ⓐ 65°　　ⓘ 115°
　　ⓤ 65°　　ⓔ 115°

❹ ① ⓐ　　②

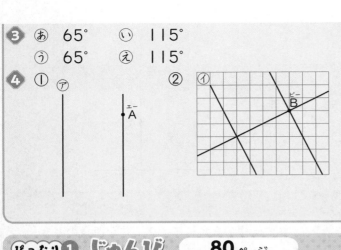

❸ 平行な直線は、ほかの直線と等しい角度で交わります。㋐と㋑、㋒と㋓の直線はそれぞれ平行なので、ⓘとⓔ、65°とⓐの角度は同じです。
ⓐとⓘ、ⓘとⓤの角は、合わせると180°です。

❹ ② 方がんを使って、㋑の直線のかたむきぐあいを調べてかきます。

ぴったり1 じゅんび 80ページ

❶ ① 辺　② 角　③ 6　④ 4　⑤ 70　⑥ 110
❷ ① 平行　② 角　③ 5　④ 115　⑤ 65

ぴったり2 練習 81ページ　　てびき

❶ 台形 ⓘ
　平行四辺形 ⓐ、ⓞ
　ひし形 ⓤ、ⓚ

❷ ① 8cm　② 55°

❸ ①

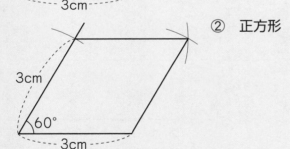
2cm / 50° / 3cm

② 長方形

❹ ①
3cm / 60° / 3cm

② 正方形

❶ 台形：向かい合った1組の辺が平行な四角形
　平行四辺形：向かい合った2組の辺が平行な四角形
　ひし形：辺の長さがすべて等しい四角形

❷ 平行四辺形は、向かい合った辺の長さと向かい合った角の大きさが等しくなっています。

❸ ② 角Bの大きさを90°にすると、右の図のような長方形になります。

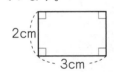
2cm / 3cm

❹ ② 角Bの大きさを90°にすると、右の図のような正方形になります。

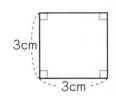
3cm / 3cm

ぴったり1 じゅんび 82ページ

❶ 平行四辺形、ひし形、長方形、正方形
　(1) 長方形　(2) 平行四辺形、ひし形 （順番がちがってもよいです。）　(3) ひし形

ぴったり2 練習 83ページ　　てびき

❶

四角形の名前／四角形の対角線の特ちょう	台形	平行四辺形	ひし形	長方形	正方形
2本の対角線の長さが等しい				◯	◯
2本の対角線がそれぞれの真ん中の点で交わる		◯	◯	◯	◯
2本の対角線が垂直である			◯		◯

❶ 向かい合った頂点を結んだ直線を、対角線といいます。

台形　平行四辺形　ひし形　長方形　正方形

2 ① 長方形 ② ひし形
③ 正方形 ④ 平行四辺形

2 ① ２本の対角線の長さが等しく、それぞれの真ん中の点で交わっています。
② ２本の対角線が垂直で、それぞれの真ん中の点で交わっています。

🏠 **おうちのかたへ** ひし形、長方形、正方形は、平行四辺形の対角線の性質をもっていることや、正方形はひし形と長方形の対角線の性質を合わせた性質であることなど、表や図から、四角形どうしの共通点やちがい、関係なども考えさせるとよいでしょう。四角形どうしの関係は、中学２年生で学習します。

ぴったり3 たしかめのテスト 84〜85ページ てびき

1 ① カ
② エ

1 ① アの直線と交わってできる角が直角であるものをさがします。
② イの直線と垂直なキの直線をのばすと、エの直線と垂直であるのがわかります。だから、イの直線とエの直線は平行です。

2 ①

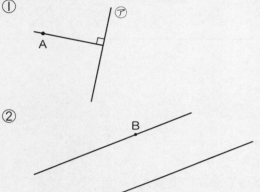

②

2 ２まいの三角じょうぎを使ってかきます。

3 ① 135° ② 45°

4 ① イとカ、エとオ、オとキ
② アとウ、エとキ

5 ① 7cm ② 105° ③ 6cm
④ 130°

3 ① あの角度と45°を合わせると180°です。
4 方がんを使って、直線のかたむきぐあいを調べて考えます。
5 ①・② 平行四辺形の向かい合った辺の長さと向かい合った角の大きさは等しくなっています。
③・④ ひし形の辺の長さはすべて等しいです。また、向かい合った角の大きさも等しくなっています。

6 ①

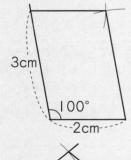

②

6 三角じょうぎと分度器、コンパスを使います。
① 平行四辺形の向かい合った辺の長さは等しいです。
② ひし形の辺の長さはすべて等しいから、４つの辺の長さはすべて2cmです。

7 え、お

7

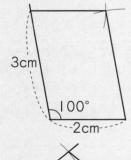内の図：3cm、100°、2cm

②の図：80°、2cm

8 ⑦と⑦

8 ㋐の直線に等しい角度で交わっている直線をさがします。

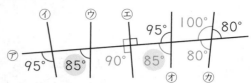

9 ① ひし形
   ② 正方形

9 ①

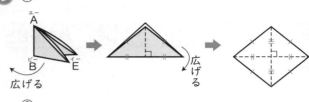

②

⏱**しあげの5分レッスン** いろいろな四角形の特ちょうをふり返ってまとめてみよう。

⑩ 分数

ぴったり1 じゅんび **86**ページ

1 (1) 2、3、2$\frac{3}{4}$　(2) 2、4、14、$\frac{14}{5}$

2 $\frac{4}{8}$、$\frac{5}{10}$、$\frac{2}{6}$、$\frac{3}{9}$、$\frac{2}{10}$ $\left(\frac{4}{8}$ と $\frac{5}{10}$、$\frac{2}{6}$ と $\frac{3}{9}$ の順番がちがってもよいです。$\right)$

ぴったり2 練習 **87**ページ

てびき

1 ㋐ $\frac{1}{6}$　㋑ $\frac{7}{6}$、1$\frac{1}{6}$　㋒ $\frac{11}{6}$、1$\frac{5}{6}$
   ㋓ $\frac{16}{6}$、2$\frac{4}{6}$

2 ① 2$\frac{1}{2}$　② 4　③ $\frac{5}{4}$　④ $\frac{53}{9}$

3 ① ＞　② ＞　③ ＜

4 ①㋐ $\frac{2}{8}$　㋑ $\frac{4}{10}$　㋒ $\frac{1}{3}$、$\frac{3}{9}$
   ②㋓ $\frac{1}{2}$　㋔ $\frac{4}{5}$　㋕ $\frac{2}{3}$

5 ① ＞　② ＜　③ ＝

1 1を6等分しているから、1めもりは $\frac{1}{6}$ です。

2 ① 5÷2=2あまり1→2$\frac{1}{2}$
   ③ 4×1+1=5→$\frac{5}{4}$

3 ②・③ 帯分数か仮分数のどちらかにそろえます。

4 数直線を見て、同じ位置にある分数をさがします。

🏠**おうちのかたへ** 4年生では、数直線を使って大きさの等しい分数をさがします。5年生になると、大きさの等しい分数のつくり方を学習します。

5 分子が同じ分数では、分母が大きいほど小さい分数になります。

ぴったり1 じゅんび **88**ページ

1 (1) 5、4、9、$\frac{9}{7}$　(2) 8、3、$\frac{5}{7}$

2 (1)㋐ 3、$\frac{6}{7}$、3$\frac{6}{7}$　㋑ $\frac{9}{7}$、$\frac{18}{7}$、$\frac{27}{7}$　(2)㋐ 2$\frac{3}{7}$　㋑ $\frac{22}{7}$、$\frac{5}{7}$、$\frac{17}{7}$

① ① $\frac{8}{7}\left(1\frac{1}{7}\right)$ ② $\frac{12}{5}\left(2\frac{2}{5}\right)$ ③ $\frac{12}{6}(2)$

④ $\frac{4}{5}$ ⑤ $\frac{4}{4}(1)$ ⑥ $\frac{14}{9}\left(1\frac{5}{9}\right)$

⑦ $\frac{16}{8}(2)$

② ① $3\frac{7}{8}\left(\frac{31}{8}\right)$ ② $1\frac{3}{5}\left(\frac{8}{5}\right)$

③ $5\frac{1}{4}\left(\frac{21}{4}\right)$ ④ $3\frac{1}{7}\left(\frac{22}{7}\right)$

⑤ $3\frac{1}{6}\left(\frac{19}{6}\right)$ ⑥ $4\left(\frac{36}{9}\right)$

③ ① $3\frac{2}{5}\left(\frac{17}{5}\right)$ ② $1\frac{3}{8}\left(\frac{11}{8}\right)$

③ $3\frac{1}{6}\left(\frac{19}{6}\right)$ ④ $1\frac{6}{7}\left(\frac{13}{7}\right)$

⑤ $\frac{4}{9}$ ⑥ $3\frac{1}{3}\left(\frac{10}{3}\right)$

① 分母が同じ分数のたし算やひき算は、$\frac{1}{\blacktriangle}$ をもとにして考えるから、分子だけを計算します。

① $\frac{1}{7}$ が 4 こ分と 4 こ分だから、8 こ分。

② ① $1\frac{2}{8}+2\frac{5}{8}=3\frac{7}{8}$ 、 $\frac{10}{8}+\frac{21}{8}=\frac{31}{8}$

④ $\frac{5}{7}+2\frac{3}{7}=2\frac{8}{7}=3\frac{1}{7}$

③ ① $4\frac{3}{5}-1\frac{1}{5}=3\frac{2}{5}$、 $\frac{23}{5}-\frac{6}{5}=\frac{17}{5}$

④ $1\frac{10}{7}-\frac{4}{7}=1\frac{6}{7}$、 $\frac{17}{7}-\frac{4}{7}=\frac{13}{7}$

① 真分数 あ、か
　 仮分数 い、え
　 帯分数 う、お

② ①⑦ $\frac{1}{7}$ ⑦ $\frac{8}{7}$、$1\frac{1}{7}$ ⑦ $\frac{13}{7}$、$1\frac{6}{7}$

　 ②

③ ① $1\frac{2}{5}$ ② 3 ③ $3\frac{4}{9}$ ④ $\frac{14}{3}$

④ ① $>$ ② $<$ ③ $<$ ④ $>$

⑤ ① $\frac{9}{8}\left(1\frac{1}{8}\right)$ ② $\frac{17}{6}\left(2\frac{5}{6}\right)$

③ $\frac{9}{9}(1)$ ④ $\frac{4}{5}$ ⑤ $\frac{16}{3}\left(5\frac{1}{3}\right)$

⑥ $\frac{7}{7}(1)$

⑥ ① $3\frac{5}{6}\left(\frac{23}{6}\right)$ ② $2\frac{4}{7}\left(\frac{18}{7}\right)$

③ $4\frac{2}{5}\left(\frac{22}{5}\right)$ ④ $3\left(\frac{27}{9}\right)$

⑤ $3\frac{5}{8}\left(\frac{29}{8}\right)$ ⑥ $\frac{3}{4}$

⑦ $1\frac{5}{6}\left(\frac{11}{6}\right)$ ⑧ $2\frac{7}{10}\left(\frac{27}{10}\right)$

① 真分数：分子が分母より小さい分数
　 仮分数：分子と分母が同じか、分子が分母より大きい分数
　 帯分数：整数と真分数の和で表されている分数

② 1 を 7 等分しているから、1 めもりは $\frac{1}{7}$ です。

③ ④ $3\times4+2=14\rightarrow\frac{14}{3}$

④ ①・② 帯分数か仮分数のどちらかにそろえて、大きさをくらべます。

⑤ 分母が同じ分数のたし算やひき算は、$\frac{1}{\blacktriangle}$ をもとにして考えるから、分子だけを計算します。

🏠 おうちのかたへ 分母が同じ分数のたし算とひき算は、5 年生で学習する分母がちがう分数のたし算とひき算につながります。分母はそのままで、分子だけを計算することの意味を、しっかり理解させましょう。

⑥ ③ $\frac{4}{5}+3\frac{3}{5}=3\frac{7}{5}=4\frac{2}{5}$
　　　　　　 $\frac{7}{5}=1\frac{2}{5}$

⑦ $2\frac{2}{6}-\frac{3}{6}=1\frac{8}{6}-\frac{3}{6}=1\frac{5}{6}$

⑧ $3-\frac{3}{10}=2\frac{10}{10}-\frac{3}{10}=2\frac{7}{10}$

⑦ $\dfrac{30}{7}$、$\dfrac{10}{3}$、$\dfrac{18}{6}$、$\dfrac{11}{4}$、$\dfrac{13}{5}$

⑦ 帯分数になおして大きさをくらべます。

$\dfrac{10}{3}=3\dfrac{1}{3}$、 $\dfrac{11}{4}=2\dfrac{3}{4}$、 $\dfrac{13}{5}=2\dfrac{3}{5}$、

$\dfrac{18}{6}=3$、 $\dfrac{30}{7}=4\dfrac{2}{7}$

❶ まず、整数部分 の大きさでくらべます。

❷ 整数部分が同じ数のときは、分数部分の大きさでくらべます。

⑧ 説明(例) 分母をたしています。

正しい答え $\dfrac{3}{4}$

⑧ $\dfrac{1}{4}+\dfrac{2}{4}$ は、$\dfrac{1}{4}$ をもとにするから、分子だけを計算します。

しあげの5分レッスン まちがえた計算は、もう1回やってみよう。

⓫ 変わり方調べ

ぴったり1 じゅんび 92ページ

❶ ① 5 ② 6 ③ 7 ④ 8 ⑤ 1 ⑥ 2 ⑦ 2

ぴったり2 練習 93ページ てびき

❶ ① 17 cm

②
たての長さ(cm)	1	2	3	4	5	6
横の長さ (cm)	16	15	14	13	12	11

③ 1 cm ずつへる。

④(例) □＋○＝17

❷ ①
だんの数 (だん)	1	2	3	4	5	6
まわりの長さ(cm)	3	6	9	12	15	18

②(例) □×3＝○

③ 20 だん

❶ ① まわりの長さが 34 cm だから、たての長さと横の長さの和は、34÷2＝17

③ ②で整理した表を、横に見ていきます。

④ ②で整理した表を、たてに見ていきます。
たての長さ＋横の長さ＝17

❷ ① まず、図から、わかることを表に書き、きまり を見つけます。
↳だんの数の3倍がまわりの長さになっています。

② ①で整理した表を、たてに見ていきます。
だんの数×3＝まわりの長さ

③ ②の式の○に 60 をあてはめます。
□×3＝60 → □＝60÷3

ぴったり3 たしかめのテスト 94〜95ページ てびき

❶ ①
みさきさんのあめの数(こ)	1	2	3	4	5	6	7
弟のあめの数(こ)	17	16	15	14	13	12	11

② 1 こずつへる。

③(例) □＋○＝18

④ 8 こ

❷ ①
切る回数 (回)	1	2	3	4	5
リボンの数 (本)	2	3	4	5	6

②(例) □＋1＝○ ③ 16本

❶ ② 表を横に見ていきます。

③ 表をたてに見ていきます。
みさきさんのあめの数＋弟のあめの数＝18

④ ③の式の□に 10 をあてはめます。
10＋○＝18 → ○＝18－10＝8

❷ ② 表をたてに見ていきます。
切る回数＋1＝リボンの数

③ ②の式の□に 15 をあてはめます。
15＋1＝○ → ○＝16

③ ①

四角形の横の長さ(cm)	1	2	3	4	5	6
直角二等辺三角形の数 (こ)	2	4	6	8	10	12

② (例)　□×2＝○

③　20cm

③ ①　まず、図から、わかることを表に書き、きまりを見つけます。

　┗ 四角形の横の長さの 2 倍が直角二等辺三角形の数になっています。

②　表を、たてに見ていきます。

　四角形の横の長さ ×2

　＝ 直角二等辺三角形の数

③　②の式の○に 40 をあてはめます。

　　□×2＝40 → □＝40÷2

④ ①

1辺の長さ(cm)	1	2	3	4	5	6
おはじきの数(こ)	4	8	12	16	20	24

② (例)　□×4＝○

④ ①　まず、図から、わかることを表に書き、きまりを見つけます。

　┗ 1辺の長さの数の 4 倍がおはじきの数になっています。

②　表をたてに見ていきます。

　1辺の長さ ×4＝ おはじきの数

> 🏠 おうちのかたへ　表を横や縦に見て、どんなきまりがあるか見つけられるようにさせましょう。6 年生では、③ や ④ のように、○が同じ数ずつ増えたり、○＝□×決まった数　になる比例の関係を学習します。

⑫ 面積のくらべ方と表し方

ぴったり1 じゅんび　96ページ

1　あ　4、4　　い　4、4　　う　5、5

2　か　1、1　　き　2、2　　く　2、2

ぴったり2 練習　97ページ　　てびき

1 ①あ　7 cm²　　い　11 cm²
　　う　9 cm²　　え　8 cm²

② い

2 か　4 cm²　　き　2 cm²　　く　3 cm²
　け　6 cm²　　こ　4 cm²

3 (例)

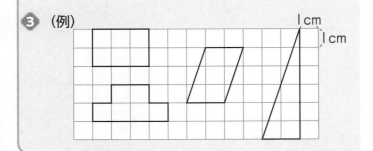

1 ①　1辺が 1cm の正方形に区切って、考えます。
　面積は 1辺が 1cm の正方形が何こ分あるか、数で表すことができます。1辺が 1cm の正方形の面積を 1cm² といいます。

2

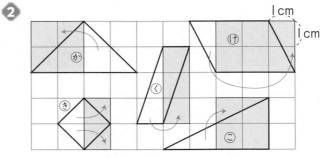

3　1辺が 1cm の正方形 6 こ分でできている形をかきます。

> 🏠 おうちのかたへ　面積は、1辺が 1cm や 1m の正方形(1cm² や 1m²)が何こ分あるかで表すことができます。これが面積の考え方の基本です。
> 長方形や正方形の面積を学習する前に、このことを、しっかりと理解させましょう。

ぴったり1 じゅんび　98ページ

1 (1) 4、12、12　(2) 7、49、49

2 ㋐ 5、5　㋑ 5、10　㋒ 10、5　㋓ 6、5　答え 50

ぴったり2 練習　99ページ

1 ① $96\ cm^2$　② $81\ cm^2$

2 ① $8\ cm^2$　② $4\ cm^2$

3 4 cm

4 ① 式(例[れい]) 6×4＋3×4＝36

答え $36\ cm^2$

② 式(例) 6×7−3×3＝33

答え $33\ cm^2$

③ 式(例) 2×2＝4

6×4＝24

4＋4＋24＝32

答え $32\ cm^2$

てびき

1 ① 長方形の面積[めんせき]＝たて×横　（横×たて）

② 正方形の面積＝1辺[へん]×1辺

2 ① 辺[へん]の長さが 2 cm、4 cm の長方形です。

② 1辺が 2 cm の正方形です。

3 たてが□cm、横が 9 cm の長方形の面積が $36\ cm^2$ だから、

□×9＝36　→　□＝36÷9＝4

4 ① 別[べつ]の考え1

3×4（あ）＋3×8（い）＝36

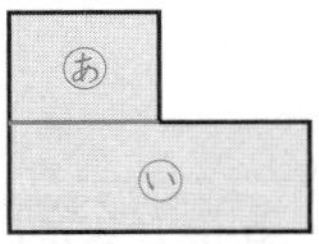

別の考え2

6×8（全体）−3×4（う）＝36

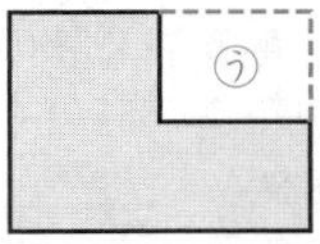

別の考え3

3×12＝36

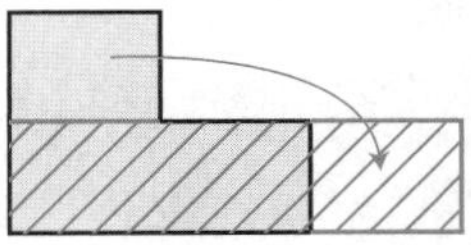

② 別の考え1

6×3（あ）＋3×3（い）＋6×1（う）＝33

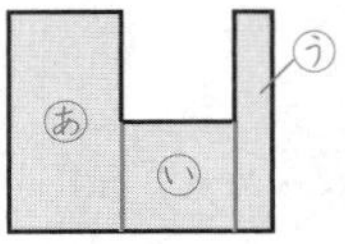

別の考え2

3×3（え）＋3×1（お）＋3×7（か）＝33

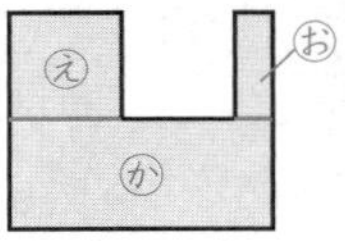

別の考え3

3×11＝33

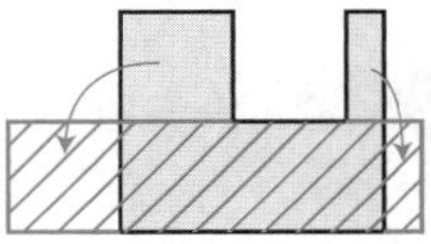

③ 別の考え1

2×4×2（あ＋う）＋2×8（い）＝32

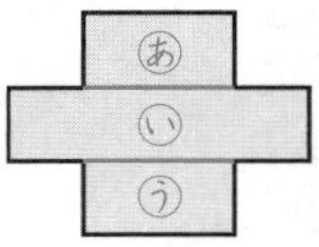

別の考え2

6×8（全体）−2×2×4（え＋お＋か＋き）＝32

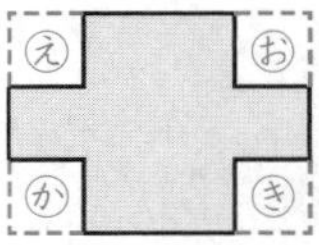

別の考え3

2×16＝32

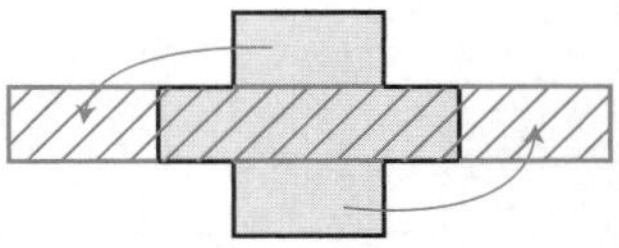

おうちのかたへ 長方形や正方形の面積の公式を正しく適用できることが大切です。正しく式を書けているが答えを間違えている場合には、式は正解であることを認め、計算のやり直しをさせましょう。

しあげの5分レッスン へこんだところのある形の面積は、1つの方法[ほうほう]だけでなく、ほかの方法でも考えてみよう。

1 ① 3　② 3　③ 6　④ 6　⑤ 60000

2 ① 6　② 36　③ 36　④ 36000000

3 ① m²　② a　③ ha　④ km²　⑤ 100　⑥ 100　⑦ 100

1 ① 54 m²　② 121 m²

2 20、200000

3 1800、18

4 640000、64、6400

5 35、35000000、3500

6 5 cm

---

1 ① 6×9＝54　② 11×11＝121

2 辺の長さを同じ単位にそろえてから計算します。
400 cm＝4 m、5 m＝500 cm です。
4×5＝20（m²）
400×500＝200000（cm²）

3 100 m² の面積を 1 a といいます。
30×60＝1800（m²）、1800 m²＝18 a

4 10000 m² の面積を 1 ha といいます。
800×800＝640000（m²）
640000 m²＝64 ha＝6400 a

5 5×7＝35（km²）
1 km²＝1000000 m² だから、
35 km²＝35000000 m²
1 ha＝10000 m² だから、
35000000 m²＝3500 ha

6 20 cm のひもで長方形をつくると、
（たて＋横）×2＝20　となります。
つまり、20÷2＝10　たて＋横＝10
正方形は、たての長さと横の長さが等しい長方形と考えられます。
表の続きを書いていきましょう。

たて（cm）	1	2	3	4	5	
横　（cm）	9	8	7	6	5	
面積（cm²）	9	16	21	24	25	

6	7	8	9
4	3	2	1
24	21	16	9

面積がいちばん大きいのは、たてと横が 5 cm の長方形、つまり、1 辺の長さが 5 cm の正方形です。

> ✌まわりの長さが同じ長方形や正方形の中で、
> 面積がいちばん大きいのは、正方形なんだね。

🏠 **おうちのかたへ**　大きな面積の単位の学習の最後に、正方形の 1 辺の長さを 10 倍すると、面積は（1辺×10）×（1辺×10）で、100 倍になることを学びます。100 m²＝1 a、100 a＝1 ha、100 ha＝1 km² という単位の変換は、丸暗記させるのではなく、1 辺の長さと関連づけて理解させるようにしましょう。このことは、5 年生で学習する、立方体の 1 辺の長さと体積の関係に結びついていきます。

1 あ 9 cm²　　い 6 cm²

2 ① 35 cm²　② 144 m²

3 30000、3

4 115 cm²

5 ① 1　　　② 1000000
　　③ 10000　④ 1000000

6 ① う　　② い　　③ あ

7 4 m

8 (例)　たてが 7 cm、
横が 8 cm の長方
形と、1辺が 5 cm
の正方形に分けて
考え、2つの面積
を合わせて求めて
います。

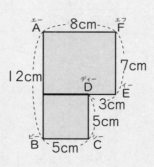

1

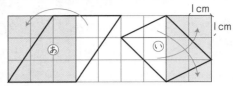

2 長方形や正方形の辺の長さの単位に注意して、面積の単位を決めましょう。
　① 5×7=35　② 12×12=144

3 辺の長さを同じ単位にそろえて計算します。
　2 m=200 cm
　200×150=30000（cm²）
　30000 cm²=3 m²

4 (例)　へこんだ部分をおぎなった大きい長方形の面積から、へこんだ部分の長方形の面積をひきます。9×15−5×4=115

5 正方形の1辺の長さが10倍になると、面積は100倍になります。
　② 1 a=100 m² で 1 m²=10000 cm² なので、
　　1 a=100×10000=1000000（cm²）です。

6 ✌教室などの面積は m² を、県や町などの面積は km² を使って表すよ。また、1 a や 1 ha は、畑や牧場などの面積を表すとき、よく使うよ。

7 たてが □ m、横が 12 m の長方形の面積が 48 m² だから、
　□×12=48 → □=48÷12=4

8 りくさんの求め方の、7×8 はたてが 7 cm、横が 8 cm の長方形の面積を、5×5 は1辺が 5 cm の正方形の面積を表しています。だから、図には、この2つの四角形に分けられるように線をかきます。

おうちのかたへ 本単元で長方形や正方形の面積の学習をしたあと、5年生になると、平行四辺形や三角形などの面積の求め方を学習します。「長方形の面積＝たて×横」はその基本になりますから、しっかりと理解させておくようにしましょう。
　また、面積のいろいろな単位の大きさの感覚は、日常生活の経験の中で身についていきます。ふだんの生活の中で、テーブルの面、部屋、体育館、テニスコート、サッカー場、畑や牧場などの面積はどのくらいだろうと話し、適切な単位を用いて表す機会などをつくっていくとよいでしょう。

⑬ 小数のかけ算とわり算

1 54、10、5.4

2 (1) 108.0

(2) 68、78.2

(3) 23.15

1 ① 1.6　② 4.2　③ 4.5

2 ①
$$\begin{array}{r} 6.4 \\ \times\ \ 3 \\ \hline 1\,9.2 \end{array}$$
②
$$\begin{array}{r} 3.8 \\ \times\ \ 7 \\ \hline 2\,6.6 \end{array}$$
③
$$\begin{array}{r} 1\,2.8 \\ \times\ \ \ \ 6 \\ \hline 7\,6.8 \end{array}$$

3 ①
$$\begin{array}{r} 0.3 \\ \times\ \ 3 \\ \hline 0.9 \end{array}$$
②
$$\begin{array}{r} 6.8 \\ \times\ \ 5 \\ \hline 3\,4.0 \end{array}$$
③
$$\begin{array}{r} 1\,7.5 \\ \times\ \ \ \ 4 \\ \hline 7\,0.0 \end{array}$$

④
$$\begin{array}{r} 8.3 \\ \times 4\,2 \\ \hline 1\,6\,6\ \ \\ 3\,3\,2\ \ \ \\ \hline 3\,4\,8.6 \end{array}$$
⑤
$$\begin{array}{r} 2\,6.7 \\ \times\ \ 1\,8 \\ \hline 2\,1\,3\,6\ \ \\ 2\,6\,7\ \ \ \\ \hline 4\,8\,0.6 \end{array}$$
⑥
$$\begin{array}{r} 1\,4.5 \\ \times\ \ \ 8\,0 \\ \hline 1\,1\,6\,0.0 \end{array}$$

4 ①
$$\begin{array}{r} 2.5\,8 \\ \times\ \ \ \ \ 3 \\ \hline 7.7\,4 \end{array}$$
②
$$\begin{array}{r} 4.3\,5 \\ \times\ \ \ \ \ 8 \\ \hline 3\,4.8\,0 \end{array}$$
③
$$\begin{array}{r} 6.1\,7 \\ \times\ \ \ \ 3\,5 \\ \hline 3\,0\,8\,5\ \ \\ 1\,8\,5\,1\ \ \ \\ \hline 2\,1\,5.9\,5 \end{array}$$

---

1 ①　0.2×8=1.6

10倍↓　↓10倍　$\frac{1}{10}$（10でわる）

2×8=16

2 整数のかけ算と同じように計算します。かけられる数にそろえて、積の小数点をうちます。

3 ①　一の位の0を書きわすれないようにしましょう。

②・③・⑥　小数点より右にある、いちばんはしの0は消します。

4 ①　2.58 —100倍→ 258

$$\begin{array}{r} 2.5\,8 \\ \times\ \ 3 \\ \hline 7.7\,4 \end{array}$$
—100倍→
$$\begin{array}{r} 2\,5\,8 \\ \times\ \ \ 3 \\ \hline 7\,7\,4 \end{array}$$

$\frac{1}{100}$

2.58を100倍して、258×3の筆算をします。積の774を100でわればよいから、かけられる数2.58にそろえて小数点をうちます。

②　小数点より右にある、いちばんはしの0は消します。

③　6.17を100倍して、617×35の筆算をします。積の21595を100でわればよいから、かけられる数6.17にそろえて小数点をうちます。

> **おうちのかたへ** かけられる数を整数と考えて、かけられる数の小数点にそろえて、積の小数点をうつことの理由も、しっかり理解させましょう。3年生で学習した「整数×整数」の筆算のしかたが、この「小数×整数」や5年生で学習する「小数×小数」につながっていきます。

1　(1)　2.9　　(2)　17.6　　(3)　0.4
2　(1)　2.7　　(2)① 1.23　　② 0.01　　(3)　0.05

1　① 2.3　　② 2.1　　③ 3.1

1 整数÷整数の計算でできるように、0.1 をもとに考えます。
　① 4.6 は 0.1 が 46 こ分だから 46÷2=23
　　0.1 が 23 こ分で商は 2.3

2　①
```
      1.4
  6)8.4
    6
    24
    24
     0
```
②
```
     13.4
  7)93.8
    7
    23
    21
     28
     28
      0
```
③
```
      6.3
  5)31.5
    30
     15
     15
      0
```

2 商の小数点をうつところ以外は、整数のわり算と同じです。

3　①
```
      0.9
  8)7.2
    72
     0
```
②
```
       1.6
  43)68.8
     43
     258
     258
       0
```
③
```
       0.7
  54)37.8
     378
       0
```

3 ① わられる数の一の位の数が、わる数より小さいときは、商の一の位に 0 を書き、小数点をうってから計算を進めます。
　③ 商の一の位の 0 を書きわすれないようにしましょう。

4　①
```
      1.65
  3)4.95
    3
    19
    18
     15
     15
      0
```
②
```
      0.74
  8)5.92
    56
    32
    32
     0
```

4 わられる数が $\frac{1}{100}$ の位や $\frac{1}{1000}$ の位まであっても、筆算のしかたは同じです。
商がたたない位に、0 を書くのをわすれないようにしましょう。

③
```
       0.36
  27)9.72
     81
     162
     162
       0
```
④
```
      0.04
  8)0.32
    32
     0
```

⑤
```
       0.064
  7)0.448
    42
     28
     28
      0
```
⑥
```
        0.003
  62)0.186
      186
        0
```

おうちのかたへ まず、わられる数の小数点と同じ位置に、商の小数点をうってから、筆算を始めさせるとよいでしょう。
　上巻の第3単元、第6単元で学習した「整数÷整数」の筆算のしかたが、この「小数÷整数」や5年生で学習する「小数÷小数」につながっていきます。

1 ① 12 ② 12 ③ 3.9 ④ 12 ⑤ 3.9 ⑥ 75.9

2 (1) 0.95 (2) $\frac{1}{100}$、3.3

てびき

1
①
```
      17
   3)52.1
      3
     ―――
      22
      21
     ―――
      1.1
```

②
```
         4
   18)72.6
      72
    ――――
      0.6
```

けん算
3×17+1.1
=52.1

けん算
18×4+0.6
=72.6

❶ 小数のわり算であまりを考えるとき、あまりの小数点は、わられる数の小数点にそろえます。
けん算は
わる数×商＋あまり＝わられる数でできます。

🏠 **おうちのかたへ** 余りのある小数のわり算では、筆算のいちばん下の数が、どんな数が何こあることを表しているのか考えさせ、余りの意味を理解させることが大切です。ここで、しっかり理解させた上で、5年生の「小数÷小数」につなげるようにしましょう。

2
①
```
      4.5
   6)27
     24
    ――――
     30
     30
    ――――
      0
```

②
```
      0.375
   8)3.0
     24
    ――――
      60
      56
    ――――
      40
      40
    ――――
       0
```

③
```
       0.64
   25)16.0
      150
    ―――――
      100
      100
    ―――――
        0
```

❷ わりきれるまで計算するときは、0をつけたして計算を続けます。

3
①
```
      1.66
   5)8.3
     5
    ――――
     33
     30
    ――――
      30
      30
    ――――
       0
```

②
```
       2.05
   16)32.8
      32
    ―――――
       80
       80
    ―――――
        0
```

③
```
       0.075
   48)3.60
      336
    ―――――
      240
      240
    ―――――
        0
```

❸ わりきれるまで計算するときは、0をつけたして計算を続けます。
②・③ 商がたたない位に0を書くのをわすれないようにしましょう。

4 ① 4.7 ② 1.1

❹ 上から2けたのがい数で表すには、上から3けためを四捨五入します。

①
```
        7
       4.68
   8)37.5
     32
    ―――――
     55
     48
    ―――――
      70
      64
    ―――――
       6
```

②
```
       1.12
   63)70.9
      63
    ―――――
      79
      63
    ―――――
      160
      126
    ―――――
       34
```

1 ① 100　② 2.5　③ 2.5
　④ 140　⑤ 3.5　⑥ 3.5
　⑦ 32　⑧ 40　⑨ 0.8　⑩ 0.8　⑪ 1　⑫ 0.8

1 ① 式　20÷8＝2.5

　　　　　　　答え　2.5倍

　② 式　36÷8＝4.5

　　　　　　　答え　4.5倍

　③ 式　26÷8＝3.25

　　　　　答え　3.25倍

2 ① 式　40÷25＝1.6

　　　　　　　答え　1.6倍

　② 式　70÷25＝2.8

　　　　　　　答え　2.8倍

　③ 式　20÷25＝0.8

　　　　　　　答え　0.8

3 セーター　2.4倍
　手ぶくろ　0.3倍

1 ①
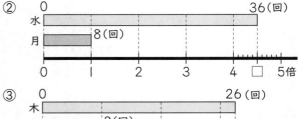
②
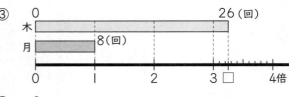
③
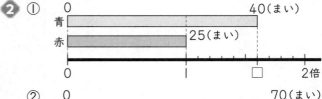

2 ①
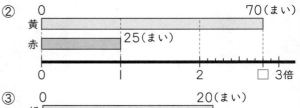
②
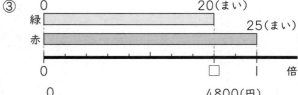
③
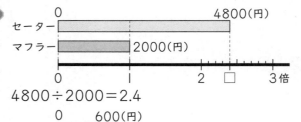

3
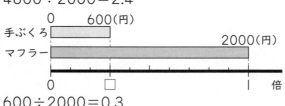

4800÷2000＝2.4

600÷2000＝0.3

しあげの5分レッスン　まず、もとにする大きさを、問題文から正しく読み取ろう。いつも、大きい数を小さい数でわる式になるのではないよ。くらべられる大きさ÷もとにする大きさで求めるよ。

1 ① 49.8　② 4.98

1 ① 8.3×6=□
10倍↓　　↓10倍　　　$\frac{1}{10}$（10でわる）
83×6=498

② 0.83×6=□
100倍↓　　↓100倍　　$\frac{1}{100}$（100でわる）
83×6=498

2 ① 23.8　② 0.6　③ 8.7
④ 67.2　⑤ 58.8　⑥ 67.5

2 ④
```
   1.2
 × 56
   72
  60
  67.2
```
⑤
```
   0.6
 × 98
   48
  54
  58.8
```
⑥
```
    2.25
 ×  30
  67.50
```

3 ① 2.6　② 4.3　③ 0.08

3 ③
```
      0.08
 53)4.24
      424
        0
```
一の位と、$\frac{1}{10}$の位に0を書くのをわすれないようにしましょう。

4 ① 12あまり2.2
② 3あまり14.8
③ 2あまり3.7

4 あまりの小数点は、わられる数の小数点にそろえてうちます。

5 ① 6.5　② 1.45
③ 0.064

5 わられる数に0をつけたして計算を続けます。

6 ① 11　② 11.5

6 ① 上から2けたのがい数で表すには、上から3けためを四捨五入します。
② $\frac{1}{10}$の位までのがい数で表すには、$\frac{1}{100}$の位の数字を四捨五入します。
```
      11.45
  7)80.2
     7
     10
      7
      32
      28
       40
       35
        5
```

7 ① 説明（例）　積の小数点がありません。
正しい答え　291.6
② 説明（例）　商の一の位の0と小数点を書きわすれています。
正しい答え　0.14

8 式　1.4×2×7=19.6
答え　19.6 dL

8 1.4×2×7
↑1日に飲む牛にゅうの量
1週間は7日

9 式　25.6÷3=8あまり1.6
答え　8本とれて1.6 mあまる。

9
```
      8
  3)25.6
    24
     1.6
```
あまりの小数点は、わられる数の小数点にそろえてうちます。

10 式　1700÷500=3.4
答え　3.4倍

10
Tシャツ 1700(円)、タオル 500(円)　0 1 2 3 □ 4倍

> ⏱しあげの5分レッスン　まちがえた問題は、もう1回やろう。わり算は、けん算をして答えをたしかめよう。

45

どんな計算になるのかな？

てびき

❶ 式　50×90＝4500

　　　　答え　4500 (m²)、45 (a)

❷ 式　0.48×4＝1.92

　　　　　　答え　1.92 kg

❸ 式　51÷6＝8.5

　　　　　　答え　8.5 倍

❹ 式　1000−280×2＝440

　　440÷96＝4 あまり 56

　　　　　　答え　4 こ

❶ 長方形の面積＝たて×横 で求められます。

　1 a＝100 m² です。

❷
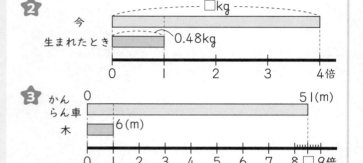

❸
かんらん車　0　　　　　　　　　　　51(m)
木　6(m)
0 1 2 3 4 5 6 7 8 □9倍

❹ 1000−280×2＝440

　　ソフトクリーム2こ分の代金

　440÷96＝4 あまり 56

　ドーナツは 4 こ買えて、56 円あまります。

　56 円ではドーナツは買えないので、ドーナツは

　4 こまでしか買えません。

⑭ 直方体と立方体

ぴったり1 じゅんび　116 ページ

❶ (1)① 5　② 4　③ 3　④ 2　(2)⑤ 4　⑥ 8
❷ ① イ　② ク　③ キ　④ クキ　（①と②は順番がちがってもよいです。）

ぴったり2 練習　117 ページ　てびき

❶ ① たて 3 cm、横 8 cm の長方形の面が 2 つ、
　　たて 3 cm、横 4 cm の長方形の面が 2 つ、
　　たて 4 cm、横 8 cm の長方形の面が 2 つ
　② 8 cm の辺が 4 つ、3 cm の辺が 4 つ、
　　4 cm の辺が 4 つ

❷

❸ ⓘ

❹ 点シ…点セ　　点イ…点カ、点ク

❶ ① 直方体の面の数は 6 つで、向かい合った面
　　は形も大きさも同じです。
　② 直方体の辺の数は 12 で、平行な辺の長さは
　　等しいです。

❷
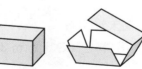

❸ ⓐと⑤は組み立てるときに重なる辺の長さがちが
　うところがあるので、組み立てられません。

❹
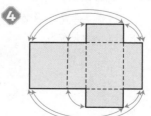

🏠 **おうちのかたへ**
家にある空き箱を切り
開いて展開図をつくり、
重なる点や辺を調べさ
せるとよいでしょう。

1 (1)① ⑤　②　⑥　(2)　⑥　(3)③　A̅B̅（エービー）　④　A̅D̅（ディー）
(4)⑤　B̅F̅（エフ）　⑥　D̅H̅（エイチ）　⑦　C̅G̅（シージー）　(5)⑧　⑦　⑨　⑥
（①と②、⑧と⑨は順番がちがってもよいです。）

1 ①　4つ　　②　面⑥
③　辺B̅C̅、辺E̅H̅（イー）、辺F̅G̅
④　面⑥、面⑥
⑤　辺A̅B̅、辺C̅D̅、辺E̅F̅、辺G̅H̅
2 ①　面⑥　　②　面⑥
③　面⑥、面⑥、面⑥、面⑥
④　面⑥、面⑥
3 ①

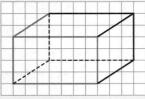

②

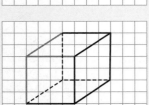

1 ①　面⑥ととなり合っている面が垂直（すいちょく）です。
└▶面⑥、面⑥、面⑥、面⑥
②　面⑥と向かい合っている面が平行です。
③　面⑥と面⑥のそれ
ぞれで、辺A̅D̅と向
かい合った辺と、右
の図で色のついた長
方形から考えます。

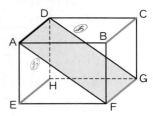

④　辺A̅B̅と交わっている2つの面です。
2　展開図（てんかいず）を組み立てると右の
図のようになります。

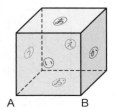

おうちのかたへ 中学1年
生でも、立体の見方を広げて
学習します。

3　平行になっている辺は、平行になるようにかきま
す。また、見えない辺は点線でかきます。

1 ①　3　②　2　③　3　④　3　⑤　5　⑥　5　⑦　2
2 ①　4　②　4　③　8　④　0　⑤　4

1 ①　点C　（横2m、たて6m）
点D　（横4m、たて0m）
②　(m)

```
7
6        C
5
4              E
3  F
2     B
1
  A 1 2 3 4 5 6(m)
      →横
```
たて↑

2 ①　（横0cm、たて5cm、高さ6cm）
②　（横6cm、たて5cm、高さ6cm）
③⑦　頂点（ちょうてん）C　　④　頂点G　　⑦　頂点B
　⑤　頂点H

1 ①　平面上の点の位置（いち）は、（横●m、たて▲m）
と表します。
②　点E　点Aから横に5m進み、そこからた
てに4m進んだところが点Eです。
点F　横は0mだから、点Aからたてに
3m進んだところが点Fです。

2 ①・②　空間上にある点の位置は、
（横●cm、たて▲cm、高さ■cm）と表します。

ぴったり3 たしかめのテスト　122〜123ページ　てびき

左ページ（解答）

1 ① 直方体
② 面 6つ　辺 12　頂点 8つ
③ 2(つずつ)3(組)

2
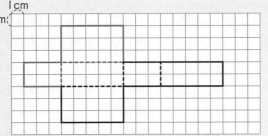

3 ① 点キ　② 点コ、点セ　③ 辺ウイ

4 ① 4つ　② 面⑤、面⑥　③ 3組
④ 辺BF、辺FG　⑤ 4(つずつ)3(組)

5
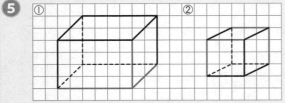

6 ① (横 6cm、たて 3cm、高さ 4cm)
② (横 6cm、たて 0cm、高さ 4cm)
③ (横 0cm、たて 3cm、高さ 4cm)

7 記号　①
理由(例)　組み立てたときに、面⑤と面⑥が
　　　　重なってしまうから。

右ページ（てびき）

1 ① 長方形だけでかこまれた形を直方体といいます。

2 直方体を辺にそって切り開いて、平面上に広げた
図をかきます。

3
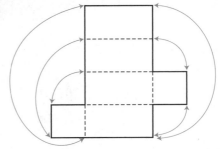

4 ① 面⑥ととなり合っている面が垂直です。
③ 向かい合った2つの面は平行です。

5 平行になっている辺は、平行になるようにかきます。また、見えない辺は点線でかきます。

6 (横●cm、たて▲cm、高さ■cm)と表します。

7 (別の理由)
組み立てたときに、
あいているところが
あるから。
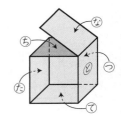

考える力をのばそう

共通部分に注目して　124〜125ページ　てびき

左ページ（解答）

1 ⑦ 780　⑦ 540　⑦ 2
　⑦ 2　⑦ 120　⑦ 120
　⑦ 300　⑦ 300　⑦ 120

2 式　(960−680)÷2=140
　　(680−140)÷2=270
　　　答え　大人 270円、子ども 140円

3 図

　　　　　　　　　　　　　　270円
　　　　　　　　　　　　　　330円
　式　330−270=60
　　(270−60×2)÷5=30
　　　　答え　あめ 30円、ガム 60円

4 式　(620−440)÷3=60
　　(440−60×2)÷2=160
　　　答え　ノート 160円、えん筆 60円

右ページ（てびき）

1 図の共通部分に注目して考えていきます。

2 (960−680)÷2=**140**
子ども2人の料金　　子ども1人の料金

(680−140)÷2=**270**
大人2人の料金　　大人1人の料金

3 330−270=60　←　ガム1このねだん
(270−60×2)÷5=**30**
あめ5この代金　　あめ1このねだん

4
(620−440)÷3=**60**
えん筆3本の代金　　えん筆1本のねだん

(440−60×2)÷2=**160**
ノート2さつの代金　　ノート1さつのねだん

48

4年のふくしゅう

まとめのテスト 126 ページ　　　　　　　　　　　　　　　　　　　　　　**てびき**

1 ① 1378005020
② 9004063000000000

1 漢字で書き表されていない位には、0を書きます。

2 ① 336036　② 287028
③ 3あまり16　④ 8あまり25

2 ② かける数の十の位の、積が0になる計算を省いて、くふうして計算します。

③
$$\begin{array}{r} 3 \\ 27\overline{)97} \\ \underline{81} \\ 16 \end{array}$$
④
$$\begin{array}{r} 8 \\ 32\overline{)281} \\ \underline{256} \\ 25 \end{array}$$

3 ① 60000　② 8000000

3 ② 十万の位までのがい数にするから、1つ下の位の一万の位で四捨五入します。

79⑥4052 → 8000000

6だから切り上げます。　79から1ふやします。

4 ① 700　② 220　③ 27

4 ① (80+20)×7　② 80+20×7

③ 15×2−18÷6

5 ① 882　② 7400

5 ① 98×9=(100−2)×9
　　　　=100×9−2×9
② 25×74×4=25×4×74
　　　　=100×74

6 ① 8.52　② 31.73
③ 309.6　④ 9.66
⑤ 3.4　⑥ 0.065

6 ①・② 筆算をするときは、小数点をたてにそろえて書けば、位がそろいます。和や差の小数点は上の小数点にそろえてうちます。

③・④ 整数のかけ算と同じように計算し、かけられる数にそろえて、積の小数点をうちます。

⑥ 商がたたない位に、0を書くのをわすれないようにしましょう。

②
$$\begin{array}{r} 40 \\ -\ 8.27 \\ \hline 31.73 \end{array}$$
⑥
$$\begin{array}{r} 0.065 \\ 34\overline{)2.21} \\ \underline{204} \\ 170 \\ \underline{170} \\ 0 \end{array}$$

7 ① $\dfrac{11}{7}\left(1\dfrac{4}{7}\right)$　② $\dfrac{4}{8}$
③ $3\dfrac{5}{6}\left(\dfrac{23}{6}\right)$　④ $2\dfrac{4}{5}\left(\dfrac{14}{5}\right)$

7 分母の等しい分数のたし算やひき算は、$\dfrac{1}{\blacktriangle}$ をもとにして考えるから、分子だけを計算します。

⏱しあげの5分レッスン まちがえた計算は、もう1回やろう。

49

❶ ⓐ　250°　　ⓘ　135°
　　ⓤ　45°

❷ ⓐ　35°　　ⓘ　145°

❸ ㋐　台形　　㋑　平行四辺形（へいこう し へんけい）
　　㋒　ひし形　　㋓　長方形　　㋔　正方形

❹ ①　直方体
　　②　辺DC（ディーシー）、辺EF（イーエフ）、辺HG（エイチジー）
　　③　面ⓤ、面ⓔ、面ⓞ、面ⓚ

❺ ①　48 cm²　　②　64 cm²
　　③　60 m²

❻ 式(例)（れい）　3×4＋5×3＝27　　答え　27 cm²

---

❶ ⓐ　360－110＝250
　　ⓘ　180－45＝135
　　ⓤ　180－135＝45

❷ 平行な直線は、ほかの直線と等しい角度で交わります。
　　ⓐ　㋕の直線と㋗の直線は平行なので、ⓐの角度は 35° です。
　　ⓘ　㋕の直線と㋖の直線は平行なので、ⓘの角度は、180－35＝145 で、145° です。

❸ ㋐　向かい合った1組の辺が平行な四角形です。
　　㋑　向かい合った辺の長さと、向かい合った角の大きさが等しい四角形です。
　　㋒　辺の長さがすべて等しく、向かい合った角の大きさが等しい四角形です。
　　㋓　角がすべて直角になっている四角形です。
　　㋔　辺の長さがすべて等しく、角がすべて直角になっている四角形です。

❹ ①　長方形だけでかこまれた形なので、直方体です。
　　②　辺AB（エービー）に平行な辺は、面ⓐ、面ⓚのそれぞれで、辺ABと向かい合った辺DC、辺EFと、右の図で色のついた長方形を考えて、辺HGです。

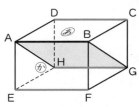

　　③　面ⓐととなり合っている面は、面ⓐと垂直（すいちょく）です。

❺ ①　6×8＝48
　　　　↙ 長方形の面積（めんせき）＝たて×横（横×たて）
　　②　8×8＝64
　　　　↙ 正方形の面積＝1辺（べん）×1辺
　　③　12×5＝60

❻ 別（べつ）の考え1

　　2×3＋3×7＝27
　　　ⓐ　　　ⓘ

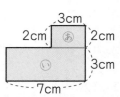

　　別の考え2

　　5×7－2×4＝27
　　　全体　　ⓤ

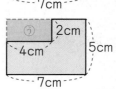

⏰しあげの5分レッスン　分けた図形を動かす考えでも、求めてみよう。
もと

50

1 ①

長方形の数（こ）	1	2	3	4
面積　（cm²）	6	12	18	24

②（例）　□×6＝○

2 ① 1度
② 午前10時と午前11時の間
③ 午後1時と午後2時の間

3 ①あ 9　　い 13　　う 37
② 15人
③ 22人

4 式　きゅうり　400÷200＝2
小松菜　　300÷100＝3
答え　小松菜

---

1 ① 図から、わかることを表に書いていきます。
② 表をたてに見ます。
　長方形の数×6＝面積

🏠おうちのかたへ　表を横に見たり、縦に見たりして見つけた関係は、5年生と6年生では比例の関係として学習します。さらに、6年生と中学1年生では、反比例の関係も含めて広がっていきます。

2 ① たてのじくは、15から20の間が5等分されているから、1めもりは1度です。
② 折れ線がかたむいていないところをさがします。
③ 折れ線のかたむきがいちばん急なところをさがします。

3 ① 野球きらいを横に見て、
　あ＋6＝15　あ＝15－6＝9
　または、サッカー好きをたてに見て、
　15＋あ＝24　あ＝24－15＝9
　サッカーきらいをたてに見て、
　い＝7＋6＝13
　合計をたてに見て、
　う＝22＋15＝37
　または、合計を横に見て、
　24＋い＝う　う＝24＋13＝37
② 野球好きとサッカー好きが交わったところの人数です。
③ 野球好きを横にたした合計のところの人数です。

4 先週のねだんを1とみたときの、今週のねだんの割合を求めてくらべます。

1 ① 2450000000000
　　② 47000000000

2 ① 88319　② 619481
　　③ 90　④ 500
　　⑤ 19　⑥ 30 あまり2
　　⑦ 206 あまり3　⑧ 75 あまり5

3 ① 3　② 0.1

4 ① 3.18　② 5.69
　　③ 0.45　④ 1.947

5 ① 45°　② 235°

6
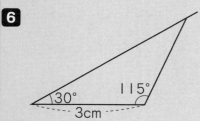

7 ①あ 6　い 10　う 12　え 35
　　② 算数がきらいで国語が好きな人
　　③ 17人　④ 25人

てびき

2 ② かける数の十の位の積が0になる計算を省いて、くふうして計算します。
　　③ 10のたばで考えます。
　　　$63÷7=9 \longrightarrow 630÷7=90$
　　④ 100のたばで考えます。
　　　$40÷8=5 \longrightarrow 4000÷8=500$
　　⑤～⑧ わり算の筆算は、大きい位から計算します。計算のとちゅうでも、あまりはわる数より小さくなるようにします。

```
②    683          ⑥     30        ⑦     206
   ×907             3)92            4)827
   ────              9                8
   4781             ──               ──
  6147               2               27
 ──────                              24
 619481                              ──
                                      3
```

4 小数のたし算やひき算を筆算でするときは、小数点をたてにそろえて書けば、位がそろいます。和や差の小数点は上の小数点にそろえてうちます。小数点をうつのをわすれないようにしましょう。

```
①   0.73        ②    5
   +2.45           +0.69
   ─────           ─────
    3.18            5.69

③   5.21        ④    2
   -4.76           -0.053
   ─────           ──────
    0.45            1.947
```

5 ②
180°　55°　　　　180+55
　　　　　　　　　=235

125°　　　　　　360-125
　　　　　　　　=235

7 ③ 算数 好き と 国語 好き が交わったところです。
　　④ 算数 好き を横に見て、合計のところをよみます。

8 式　245÷8＝30 あまり 5

答え　31 日

9 式　34×6＝204
　　204÷4＝51　　　　　　答え　51 人

10 ①　120°　　②　15°

11 ①　1 cm　　②　5 cm
　　③　6 月 15 日と 18 日の間

8 30 日だと、まだ 5 ページ残っているから、全部読むには、あと 1 日かかります。

9 まず、6 つの組の子どもが、全部で何人いるかを考えます。
　1 つの組の人数 × 組の数 ＝ 全部の人数 だから、
　34×6＝204 で、204 人です。
　全部の人数 ÷ 台数 ＝ 1 台に乗る人数 だから、
　204÷4＝51 で、1 台に乗る人数は 51 人です。

10 ①　30＋90＝120
　②　60−45＝15

11 ②　6 月 9 日は 9 cm、6 月 12 日は 14 cm だから、14−9＝5 で、ヘチマのくきは 5 cm のびたことがわかります。
　③　横のじくの 1 めもりは 3 日だから、横のじくの 1 めもり分で、直線のかたむきがいちばん急なところをさがします。

❄ 冬のチャレンジテスト

1 ①　2 あまり 21　　②　5 あまり 6
　③　2 あまり 11　　④　9 あまり 15
　⑤　30 あまり 10　　⑥　3 あまり 58

2 ①　千の位　　②　十万の位

3 ①　305　　②　144
　③　65　　④　93

4 ①　288　　②　7300
　③　55　　④　82000

5 真分数　い、お　　仮分数　あ、え
　帯分数　う

6 ①　＞　　②　＜

1 わる数を何十とみて、まず、商の見当をつけましょう。かりの商が大きすぎたときは、商を小さくしていき、かりの商が小さすぎたときは、商を大きくしていきます。

2 四捨五入するときは、がい数にしたい位の 1 つ下の位に目をつけます。

3 ①　460−(85＋70)　②　8×(97−79)
　③　72−42÷6　　④　104÷8＋5×16

4 ①　96×3＝(100−4)×3
　　　　　＝100×3−4×3
　　　　　＝300−12
　②　25×37×4＝(25×4)×73
　　　　　　　＝100×73
　③　6＋35＋14＝(6＋14)＋35
　　　　　　　＝20＋35
　④　82×125×8＝82×(125×8)
　　　　　　　　＝82×1000

6 ①　帯分数か仮分数のどちらかにそろえて、大きさをくらべます。
　②　1 3/7 を仮分数になおすと、分子が同じになります。分子が同じ分数では、分母が大きいほど小さい分数になります。

7
① $\frac{11}{7}\left(1\frac{4}{7}\right)$ ② $\frac{12}{8}\left(1\frac{4}{8}\right)$

③ $5\frac{7}{9}\left(\frac{52}{9}\right)$ ④ $3\frac{3}{6}\left(\frac{21}{6}\right)$

8 ① ⑤、お
② い、⑤、え、お
③ え、お

9 ①

10

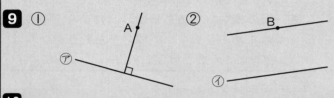

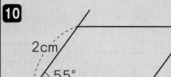

2cm
55°
3cm

11 ① 175000 ② 184999

12 え

13 ①

正方形の数 (こ)	1	2	3	4	5	6	7
横の長さ (cm)	2	4	6	8	10	12	14

②(例) □×2＝○
③ 40cm

---

7 ③ 帯分数のたし算は、帯分数を整数部分と分数部分に分けて計算しても、帯分数を仮分数になおして計算してもよいです。

$$2\frac{2}{9}+3\frac{5}{9}=5\frac{7}{9}、\quad \frac{20}{9}+\frac{32}{9}=\frac{52}{9}$$

④ 帯分数のひき算は、整数部分からくり下げた1を分数になおして計算するか、帯分数を仮分数になおして計算します。

$$4\frac{1}{6}-\frac{4}{6}=3\frac{7}{6}-\frac{4}{6}=3\frac{3}{6}$$

$$\frac{25}{6}-\frac{4}{6}=\frac{21}{6}$$

9 2まいの三角じょうぎを使います。

10 平行四辺形の向かい合った辺の長さは等しいことを使います。

11

170000 175000 180000 185000 190000
180000になるはんい

13 ① まず、図からわかることを表に書き、きまりを見つけます。
→正方形の数の2倍が横の長さになっています。

② ①で整理した表を、たてに見ていきます。
正方形の数×2＝横の長さ

③ ②の式の□に20をあてはめます。
20×2＝○ → ○＝40

春のチャレンジテスト

1
① 33.6 ② 5.4
③ 19 ④ 685.8
⑤ 5560 ⑥ 22.1
⑦ 7.32 ⑧ 0.07

てびき

1 ①～⑥ 整数のかけ算と同じように計算します。かけられる数にそろえて積の小数点をうち、小数点より右にある、いちばんはしの0を消します。

⑦・⑧ 商の小数点をうつところ以外は、整数のわり算と同じです。商がたたない位に、0を書くのをわすれないようにしましょう。

⑤
```
     69.5
   ×  80
  5560.0
```

⑧
```
       0.07
  73)5.11
      5 11
         0
```

2 ① 7あまり1.6　② 2あまり11.5

3 ① 0.75　② 0.85

4 ① 3.1　② 2.3

5 ① 直方体
② 辺AD、辺BC、辺CG、辺DH
③ 辺BA、辺GH、辺FE
④ 辺AE、辺BF、辺CG、辺DH
⑤ 面○い

6 ① （横3cm、たて5cm、高さ4cm）
② （横3cm、たて0cm、高さ4cm）

7 ① 84cm²　② 289㎡
③ 45km²　④ 16cm²

8 ① a　② ha

9 式　7÷5＝1.4

　　　　　　　　　　答え　1.4倍

10 ① 立方体
② 面○か
③ 面○あ、面○い、面○え、面○か
④ 点ケ

---

2 小数のわり算であまりを考える
とき、あまりの小数点は、
わられる数の小数点にそろえます。
けん算は

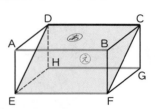

わる数×商＋あまり＝わられる数 でできます。

3 わりきれるまで計算するときは、0をつけたして
計算を続けます。
商がたたない位に、0を書くのをわすれないよう
にしましょう。

4 上から2けたのがい数にするには、上から3け
ためを四捨五入します。
① 27.8÷9＝3.08…

5 ① 長方形だけでかこまれた形や、長方形と正方
形でかこまれた形を直方体といいます。
③ 面○あと面○えのそれ
ぞれで、辺CDと向
かい合った辺と、右
の図で色のついた長
方形から考えます。
④ 面○あに垂直な面の辺で、面○あと交わっている
→ 面○う、面○え、面○お、面○か
辺が、面○あと垂直な辺です。

6 空間上にある点の位置は、
（横●cm、たて▲cm、高さ■cm）と表します。

7 長方形の面積＝たて×横（横×たて）
正方形の面積＝1辺×1辺
① 6×14＝84
② 17×17＝289
④ 単位をcmにそろえます。80mm＝8cm

8 ① 1辺が10mの正方形の面積は、
10×10＝100で、100㎡です。
100㎡＝1aです。

9
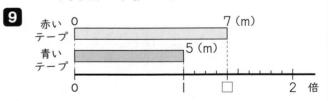

10 展開図を組み立てると、
右の図のようになりま
す。

学力しんだんテスト

1 ①5020000000
②1000000000000

2 ①3　②25 あまり11　③4.04
④0.64　⑤107.3　⑥0.35
⑦$\frac{9}{7}\left(1\frac{2}{7}\right)$　⑧$\frac{11}{5}\left(2\frac{1}{5}\right)$
⑨$\frac{6}{8}$　⑩$\frac{3}{4}$

3 ①9　②5　③8

4 ①式　20×30=600
答え　600 m²
②式　500×500=250000
(250000 m²=25 ha)
答え　25 ha

5 ⓐ15°　ⓘ45°　ⓤ35°

6 ①ⓐ、ⓘ、ⓔ、ⓞ
②ⓐ、ⓘ、ⓔ、ⓞ　③ⓐ、ⓘ

7 ①ⓔの面
②ⓐの面、ⓤの面、ⓔの面、ⓚの面

8 ①45　②9　③54

9 ①

だんの数 (だん)	1	2	3	4	5	6	7
まわりの長さ (cm)	4	8	12	16	20	24	28

②○×4=△
③式　9×4=36　答え　36 cm

10 ①2000　②200　③2000
④200　⑤400000
⑥(例)けたの数がちがう

11 ①ⓘ
②(例)6分間水の量が変わらない部分
があるから。

てびき

1 0の場所や数をまちがえていないか、右から4けたごとに区切って、たしかめましょう。

2 ⑧⑩帯分数のたし算・ひき算は仮分数になおして計算するか、整数と真分数に分けて計算します。
⑧$1\frac{4}{5}+\frac{2}{5}=\frac{9}{5}+\frac{2}{5}=\frac{11}{5}$
または、$1\frac{4}{5}+\frac{2}{5}=1+\frac{6}{5}=1+1\frac{1}{5}=2\frac{1}{5}$
⑩$1\frac{1}{4}-\frac{2}{4}=\frac{5}{4}-\frac{2}{4}=\frac{3}{4}$
または、$1\frac{1}{4}-\frac{2}{4}=\frac{1}{4}+1-\frac{2}{4}=\frac{1}{4}+\frac{2}{4}=\frac{3}{4}$

3 求められるところから、計算します。
例えば、②16-11=5　③19-11=8
次に、①を計算します。①17-8=9

4 ②10000 m²=1 ha です。250000 m²=25 ha ははぶいて書いていなくても、答えが25 ha となっていれば正かいです。

5 ⓐ45°-30°=15°　ⓘ180°-(35°+100°)=45°
ⓤ向かい合った角の大きさは同じです。または、ⓘの角が45°だから、180°-(100°+45°)=35°

6 それぞれの四角形のせいしつを、整理した上で考えるとよいです。

7 実さいに組み立てた図に記号を書きこんで考えるとよいです。

8 ①40+15÷3=40+5=45
②72÷(2×4)=72÷8=9
③9×(8-4÷2)=9×(8-2)=9×6=54

9 ②③まわりの長さはだんの数の4倍になっていることが、①の表からわかります。

10 上から1けたのがい数にして、見積もりの計算をします。
⑥44160と数がまったくちがうことが書けていれば正かいとします。

11 あおいさんは、とちゅうで6分間水をとめたので、その間は水そうの水の量は変わりません。
②あおいさんが水をとめている間は、水の量が変わらないので、折れ線グラフの折れ線が横になっている部分があるということが書けていても正かいです。

付録 とりはずしてお使いください。

計算
せんもんドリル

4年

4年　　　組

特色と使い方

● このドリルは、計算力を付けるための計算問題をせんもんにあつかったドリルです。

● 教科書ぴったりトレーニングに、このドリルの何ページをすればよいのかが書いてあります。教科書ぴったりトレーニングにあわせてお使いください。

教科書ぴったりトレーニングのここを見てね

🐾 もくじ 🐾

🏠 おうちのかたへ

・お子さまがお使いの教科書や学校の学習状況により、ドリルのページが前後したり、学習されていない問題が含まれている場合がございます。お子さまの学習状況に応じてお使いください。

・お子さまがお使いの教科書により、教科書ぴったりトレーニングと対応していないページがある場合がございますが、お子さまの興味・関心に応じてお使いください。

1 答えが何十・何百になる わり算

★ できた問題には、
「た」をかこう！
1 た 2
でき でき

1 次の計算をしましょう。

① 40÷2

② 50÷5

③ 160÷2

④ 150÷3

⑤ 720÷8

⑥ 180÷6

⑦ 490÷7

⑧ 240÷4

⑨ 540÷9

⑩ 350÷7

2 次の計算をしましょう。

① 900÷3

② 400÷4

③ 3600÷9

④ 4500÷5

⑤ 4200÷6

⑥ 2400÷3

⑦ 1800÷2

⑧ 2800÷7

⑨ 6300÷9

⑩ 4800÷8

★ できた問題には、「た」をかこう！

1 でき 2 でき

1 次の計算をしましょう。

月 日

① 5)65

② 3)69

③ 4)43

④ 2)358

⑤ 4)675

⑥ 4)835

⑦ 5)345

⑧ 9)739

2 次の計算を筆算でしましょう。

月 日

① 74÷6

② 856÷7

```
    1 1
6 ) 7 4
    6
  ─────
    1 4
      6
  ─────
      8
```

ダメ!!

3　1 けたでわるわり算の　筆算②

 できた問題には、「た」をかこう！

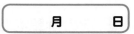

1 次の計算をしましょう。

月　日

① 8)96　② 2)86　③ 3)62　④ 5)645

⑤ 2)264　⑥ 7)763　⑦ 9)252　⑧ 7)480

2 次の計算を筆算でしましょう。

月　日

① 73÷4　② 749÷6

4 1けたでわるわり算の筆算③

★できた問題には、「た」をかこう！

1 でき　2 でき

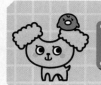

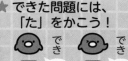

1 次の計算をしましょう。

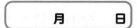

月　日

① $3\overline{)87}$　② $3\overline{)93}$　③ $4\overline{)82}$　④ $8\overline{)984}$

⑤ $6\overline{)650}$　⑥ $8\overline{)146}$　⑦ $3\overline{)276}$　⑧ $8\overline{)246}$

2 次の計算を筆算でしましょう。

月　日

① 94÷5　② 918÷9

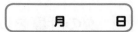

★できた問題には、「た」をかこう！

でき 1 ◯   でき 2 ◯

1 次の計算をしましょう。

月　　日

① 2)92　　② 3)60　　③ 5)59　　④ 9)917

⑤ 4)372　　⑥ 9)589　　⑦ 4)128　　⑧ 3)248

2 次の計算を筆算でしましょう。

月　　日

① 83÷3　　② 207÷3

1 次の計算をしましょう。

月　　　日

① 7)84　　　② 4)80　　　③ 3)98　　　④ 5)695

⑤ 2)618　　　⑥ 6)297　　　⑦ 8)328　　　⑧ 4)123

2 次の計算を筆算でしましょう。

月　　　日

① 99÷8　　　　　　② 693÷7

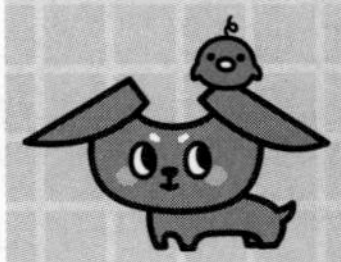

7 わり算の暗算

★できた問題には、「た」をかこう！

1 でき　2 でき

1 次の計算をしましょう。

月　　日

① 48÷4　　② 62÷2

③ 99÷9　　④ 36÷3

⑤ 72÷4　　⑥ 96÷8

⑦ 95÷5　　⑧ 84÷6

⑨ 70÷2　　⑩ 60÷5

2 次の計算をしましょう。

月　　日

① 28÷2　　② 77÷7

③ 63÷3　　④ 84÷2

⑤ 72÷6　　⑥ 92÷4

⑦ 42÷3　　⑧ 84÷7

⑨ 60÷4　　⑩ 80÷5

8 3けたの数をかける筆算①

1 次の計算をしましょう。

月　　日

① 　　248
　　×312

② 　　156
　　×463

③ 　　618
　　×524

④ 　　587
　　×615

⑤ 　　802
　　×737

⑥ 　　　28
　　×319

⑦ 　　754
　　×205

⑧ 　　530
　　×407

2 次の計算を筆算でしましょう。

月　　日

① 245×256

② 609×705

9 3けたの数をかける筆算②

★ できた問題には、「た」をかこう！
でき 1 ◯　でき 2 ◯

1 次の計算をしましょう。

月　　日

```
①      1 5 3        ②      4 8 3        ③      8 6 2        ④      9 3 7
     ×6 4 9              ×2 1 2              ×2 5 7              ×8 4 6
```

```
⑤      4 3 0        ⑥        3 5        ⑦      4 3 5        ⑧      4 0 3
     ×1 2 9              ×3 5 6              ×7 0 3              ×7 0 5
```

2 次の計算を筆算でしましょう。

月　　日

①　49×241

②　841×607

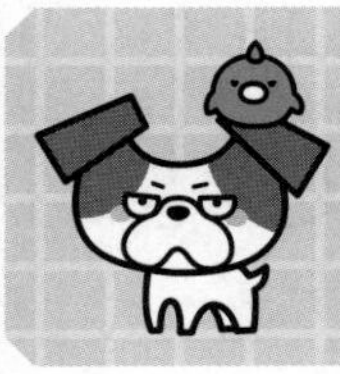

10 小数のたし算の筆算①

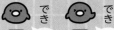

★できた問題には、「た」をかこう！

でき 1　でき 2

1 次の計算をしましょう。

月　　日

① 1.48 + 2.51

② 6.29 + 1.92

③ 7.46 + 4.59

④ 5.93 + 8.28

⑤ 4.35 + 0.96

⑥ 8 + 2.46

⑦ 7.6 + 0.43

⑧ 5.18 + 1.72

⑨ 5.62 + 1.38

⑩ 1.732 + 5.8

2 次の計算を筆算でしましょう。

月　　日

① 1.89＋0.4

② 9.24＋3

③ 0.309＋0.891

④ 13.79＋0.072

13.79
+0.072
14.51

11 小数のたし算の筆算②

1 次の計算をしましょう。

| 月 | 日 |

```
①    5.4 9        ②    3.0 9        ③    7.6 1        ④    9.1 9
    +1.3 5            +6.8 5            +5.1 8            +8.7 3
```

```
⑤    0.7 2        ⑥    4.4 4        ⑦    5.4          ⑧    2.4 6
    +3.5 9            +2.9              +0.6 1            +6.1 4
```

```
⑨    3.4 2        ⑩    5.6 0 3
    +3.5 8            +7.1 4 8
```

2 次の計算を筆算でしましょう。

| 月 | 日 |

① 0.8＋3.72

② 4.25＋4

③ 8.051＋0.949

④ 1.583＋0.76

12 小数のひき算の筆算①

★ できた問題には、
「た」をかこう！

でき 1 ○ でき 2 ○

1 次の計算をしましょう。

月	日

①　　8.9 4
　　−1.2 3

②　　9.7 5
　　−3.0 6

③　　8.3 7
　　−4.5 9

④　　8.0 5
　　−0.7 8

⑤　　8.0 3
　　−7.1 5

⑥　　2.4 8
　　−2.3 9

⑦　　4.5 1
　　−1.7

⑧　　6
　　−3.2 8

⑨　　0.3 8 9
　　−0.2 9 1

⑩　　4
　　−0.0 2 8

2 次の計算を筆算でしましょう。

月	日

①　1−0.81

②　3.67−0.6

③　0.855−0.72

④　4.23−0.125

ダメ!! ✗

4.2 3
−0.1 2 5
4.1 1 5

1 次の計算をしましょう。

月　　日

①
```
  6.05
- 4.04
```

②
```
  7.65
- 5.58
```

③
```
  5.16
- 2.39
```

④
```
  2.05
- 0.19
```

⑤
```
  9.45
- 8.57
```

⑥
```
  4.85
- 4.07
```

⑦
```
  9.78
- 2.8
```

⑧
```
  1
- 0.54
```

⑨
```
  3.512
- 1.403
```

⑩
```
  3
- 2.087
```

2 次の計算を筆算でしましょう。

月　　日

① 1－0.18

② 2.91－0.9

③ 4.052－0.93

④ 0.98－0.801

14 何十でわるわり算

★できた問題には、「た」をかこう！

1 でき　2 でき

1 次の計算をしましょう。　　月　　日

① 60÷30　　② 80÷20

③ 40÷20　　④ 90÷30

⑤ 180÷60　　⑥ 280÷70

⑦ 400÷50　　⑧ 360÷40

⑨ 720÷90　　⑩ 540÷60

2 次の計算をしましょう。　　月　　日

① 90÷20　　② 90÷50

③ 50÷40　　④ 80÷30

⑤ 400÷60　　⑥ 620÷70

⑦ 890÷90　　⑧ 210÷80

⑨ 200÷70　　⑩ 520÷80

15　2けたでわるわり算の筆算①

★できた問題には、「た」をかこう！
でき 1 ◯　でき 2 ◯

1 次の計算をしましょう。

月　日

① 32⟌96　　② 25⟌78　　③ 26⟌104　　④ 27⟌251

⑤ 64⟌896　　⑥ 36⟌794　　⑦ 31⟌941　　⑧ 56⟌9352

2 次の計算を筆算でしましょう。

月　日

① 139÷34　　　② 980÷49

```
      3
34⟌139
   102
    37
```
ダメ!!

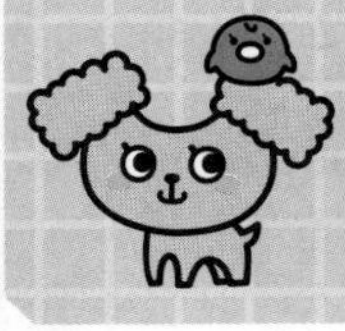

16 2けたでわるわり算の筆算②

★できた問題には、「た」をかこう！

できた 1　できた 2

1 次の計算をしましょう。　　月　日

① $16\overline{)96}$　② $23\overline{)74}$　③ $45\overline{)315}$　④ $56\overline{)435}$

⑤ $12\overline{)444}$　⑥ $19\overline{)843}$　⑦ $29\overline{)874}$　⑧ $42\overline{)9139}$

2 次の計算を筆算でしましょう。　　月　日

① $310 \div 44$　② $840 \div 14$

17 2けたでわるわり算の筆算③

★できた問題には、「た」をかこう！

1 でき　2 でき

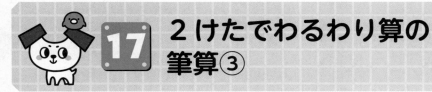

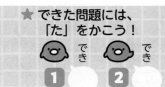

1 次の計算をしましょう。　　月　日

① 22)88　② 15)98　③ 39)312　④ 45)179

⑤ 27)972　⑥ 26)815　⑦ 23)926　⑧ 67)4499

2 次の計算を筆算でしましょう。　　月　日

① 460÷91　② 720÷18

18 2けたでわるわり算の 筆算④

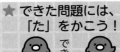

★ できた問題には、
「た」をかこう!

でき 1 ⚪ でき 2 ⚪

1 次の計算をしましょう。

月　　日

① 24)96

② 13)49

③ 76)608

④ 54)442

⑤ 49)539

⑥ 17)725

⑦ 45)943

⑧ 43)9455

2 次の計算を筆算でしましょう。

月　　日

① 200÷65

② 960÷12

19 3けたでわるわり算の筆算

★できた問題には、「た」をかこう！

1 次の計算をしましょう。

月　日

① 256) 768

② 195) 780

③ 308) 924

④ 163) 982

⑤ 429) 893

⑥ 283) 970

2 次の計算を筆算でしましょう。

月　日

① 927 ÷ 309

② 931 ÷ 137

20 式とその計算の順じょ①

1 次の計算をしましょう。　　　月　　日

① 30+5×3

② 56−63÷9

③ 72÷8+35÷7

④ 48÷6−54÷9

⑤ 32÷4+3×5

⑥ 81÷9−3×3

⑦ 59−(96−57)

⑧ (25+24)÷7

2 次の計算をしましょう。　　　月　　日

① 36÷4−1×2

② 36÷(4−1)×2

③ (36÷4−1)×2

④ 36÷(4−1×2)

21 式とその計算の順じょ②

★できた問題には、「た」をかこう！

1 でき　2 でき

1 次の計算をしましょう。

月　日

① $64-5\times7$

② $42+9\div3$

③ $2\times8+4\times3$

④ $4\times9-6\times2$

⑤ $3\times6+12\div4$

⑥ $8\times7-36\div4$

⑦ $81-(17+25)$

⑧ $(62-53)\times8$

2 次の計算をしましょう。

月　日

① $4\times6+21\div3$

② $4\times(6+21)\div3$

③ $(4\times6+21)\div3$

④ $4\times(6+21\div3)$

22 小数×整数 の筆算①

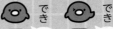
1 次の計算をしましょう。

月　　日

①　　3.2
　×　　3

②　　4.5
　×　　7

③　　2.1
　×3 2

④　　5.4
　×6 1

⑤　　3.9
　×3 2

⑥　　0.7
　×1 8

⑦　　4.8
　×1 5

⑧　　5.9
　×7 0

2 次の計算をしましょう。

月　　日

①　　0.6 2
　×　　　7

②　　1.3 7
　×　　　5

③　　0.3 1
　×　　4 9

④　　0.6 2
　×　　8 2

⑤　　1.9 8
　×　　5 4

⑥　　2.5 4
　×　　9 3

⑦　　0.8 4
　×　　3 5

⑧　　2.1 8
　×　　5 0

23 小数×整数 の筆算②

1 次の計算をしましょう。

月　　日

①   1.4
   × 4

②   3.6
   × 9

③   2.2
   ×14

④   4.9
   ×73

⑤   3.8
   ×62

⑥   15.2
   × 43

⑦   5.5
   ×32

⑧   6.3
   ×60

2 次の計算をしましょう。

月　　日

①   3.27
   × 4

②   0.46
   × 2

③   0.37
   × 49

④   0.35
   × 75

⑤   9.13
   × 68

⑥   6.12
   × 47

⑦   0.75
   × 12

⑧   5.38
   × 30

24 小数×整数 の筆算③

1 次の計算をしましょう。

月　　日

①
```
   2.6
×    3
```

②
```
  15.7
×    8
```

③
```
   1.1
× 69
```

④
```
   5.7
× 25
```

⑤
```
   8.5
× 17
```

⑥
```
  10.6
×  34
```

⑦
```
   6.5
× 92
```

⑧
```
  27.6
×  40
```

2 次の計算をしましょう。

月　　日

①
```
  2.91
×    6
```

②
```
  0.26
×    3
```

③
```
  0.13
×  39
```

④
```
  0.48
×  76
```

⑤
```
  1.72
×  51
```

⑥
```
  6.35
×  25
```

⑦
```
  0.15
×  24
```

⑧
```
  3.46
×  60
```

1 次の計算をしましょう。

月　　日

① 　4.8
　×　2

② 　2.5
　×　6

③ 　1.2
　×43

④ 　6.7
　×15

⑤ 　7.4
　×58

⑥ 　0.4
　×66

⑦ 　8.2
　×75

⑧ 　7.4
　×20

2 次の計算をしましょう。

月　　日

① 　0.87
　×　9

② 　3.05
　×　7

③ 　0.56
　×52

④ 　0.71
　×19

⑤ 　5.83
　×16

⑥ 　2.53
　×72

⑦ 　0.26
　×35

⑧ 　2.55
　×90

26 小数×整数 の筆算⑤

1 次の計算をしましょう。

月　日

① 9.4
× 3

② 12.8
× 4

③ 3.4
×21

④ 9.1
×12

⑤ 8.6
×43

⑥ 17.6
× 27

⑦ 9.5
×58

⑧ 13.7
× 80

2 次の計算をしましょう。

月　日

① 0.59
× 7

② 5.76
× 5

③ 0.76
× 41

④ 0.47
× 85

⑤ 1.43
× 67

⑥ 4.18
× 78

⑦ 0.25
× 44

⑧ 5.62
× 50

★ できた問題には、「た」をかこう！
でき 1 ◯　でき 2 ◯

1 次の計算をしましょう。

月　日

① 4) 4.8

② 2) 15.8

③ 5) 3.75

④ 3) 0.87

⑤ 12) 73.2

⑥ 36) 7.2

⑦ 73) 65.7

⑧ 28) 0.56

2 商を一の位（くらい）まで求め、あまりも出しましょう。

月　日

① 3) 73.2

② 4) 23.6

③ 26) 88.4

28 小数÷整数 の筆算②

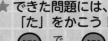
★できた問題には、
「た」をかこう！
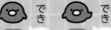

1 次の計算をしましょう。

| | 月 | 日 |

① 4) 6.8

② 3) 2 9.7

③ 5) 0.6 5

④ 9) 0.4 5 9

⑤ 3 5) 8 0.5

⑥ 1 7) 6.8

⑦ 9 5) 2 8.5

⑧ 2 8) 1.6 8

2 商を一の位まで求め、あまりも出しましょう。

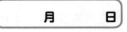

① 2) 2 5.6

② 5) 4 6.5

③ 4 1) 8 4.3

29 小数÷整数 の筆算③

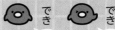
1 次の計算をしましょう。

月　　日

① 3)9.6

② 9)60.3

③ 7)4.34

④ 2)0.72

⑤ 17)37.4

⑥ 15)4.5

⑦ 73)58.4

⑧ 32)0.96

2 商を一の位まで求め、あまりも出しましょう。

月　　日

① 4)91.1

② 5)16.5

③ 56)95.2

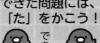

★ できた問題には、
「た」をかこう！

でき 1 ○   でき 2 ○

1 次の計算をしましょう。

月　日

① 7)9.1

② 8)21.6

③ 3)2.67

④ 6)0.342

⑤ 48)62.4

⑥ 23)9.2

⑦ 87)52.2

⑧ 84)5.04

2 商を一の位まで求め、あまりも出しましょう。

月　日

① 6)67.2

② 9)47.7

③ 35)76.4

31 わり進むわり算の筆算①

1 次のわり算を、わり切れるまで計算しましょう。

① 5) 3.8

② 8) 6 0

③ 5 2) 8 0.6

2 次のわり算を、わり切れるまで計算しましょう。

① 4) 2.3

② 3 6) 2.7

③ 4 0) I 5

32 わり進むわり算の筆算②

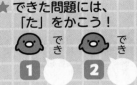
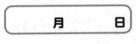
1 次のわり算を、わり切れるまで計算しましょう。

月　　日

① 8) 3.6

② 6) 4 5

③ 7 8) 9 7.5

2 次のわり算を、わり切れるまで計算しましょう。

月　　日

① 4) 3.5

② 7 5) 8 9.4

③ 8 4) 2 1

33 商をがい数で表す わり算の筆算①

★ できた問題には、
「た」をかこう！

1 商を四捨五入して、$\frac{1}{10}$ の位までのがい数で
表しましょう。

月　日

①
$$7 \overline{\smash{)}15}$$

②
$$6 \overline{\smash{)}19.6}$$

③
$$31 \overline{\smash{)}169}$$

2 商を四捨五入して、$\frac{1}{100}$ の位までのがい数で
表しましょう。

月　日

①
$$7 \overline{\smash{)}50}$$

②
$$3 \overline{\smash{)}5.03}$$

③
$$15 \overline{\smash{)}56.3}$$

34 商をがい数で表す わり算の筆算②

★ できた問題には、
「た」をかこう！
でき 1   でき 2

1 商を四捨五入して、上から1けたのがい数で
表しましょう。

月　日

① 7〉8

② 6〉46.1

③ 28〉96

2 商を四捨五入して、上から2けたのがい数で
表しましょう。

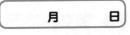
月　日

① 7〉16

② 9〉25.8

③ 31〉80

35 仮分数の出てくる分数の たし算

1 次の計算をしましょう。

月　　日

① $\dfrac{4}{5} + \dfrac{2}{5}$　　　　② $\dfrac{2}{4} + \dfrac{3}{4}$

③ $\dfrac{5}{7} + \dfrac{3}{7}$　　　　④ $\dfrac{3}{5} + \dfrac{4}{5}$

⑤ $\dfrac{6}{9} + \dfrac{8}{9}$　　　　⑥ $\dfrac{5}{3} + \dfrac{2}{3}$

⑦ $\dfrac{9}{5} + \dfrac{2}{5}$　　　　⑧ $\dfrac{9}{8} + \dfrac{9}{8}$

⑨ $\dfrac{5}{6} + \dfrac{7}{6}$　　　　⑩ $\dfrac{8}{5} + \dfrac{7}{5}$

2 次の計算をしましょう。

月　　日

① $\dfrac{5}{6} + \dfrac{2}{6}$　　　　② $\dfrac{2}{7} + \dfrac{6}{7}$

③ $\dfrac{4}{9} + \dfrac{7}{9}$　　　　④ $\dfrac{6}{8} + \dfrac{7}{8}$

⑤ $\dfrac{3}{4} + \dfrac{3}{4}$　　　　⑥ $\dfrac{6}{5} + \dfrac{7}{5}$

⑦ $\dfrac{7}{4} + \dfrac{6}{4}$　　　　⑧ $\dfrac{4}{3} + \dfrac{7}{3}$

⑨ $\dfrac{9}{8} + \dfrac{7}{8}$　　　　⑩ $\dfrac{3}{2} + \dfrac{7}{2}$

36 仮分数の出てくる分数の ひき算

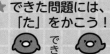
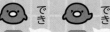
★ できた問題には、 「た」をかこう!

	でき		でき
1		**2**	

1 次の計算をしましょう。

月 日

① $\dfrac{4}{3} - \dfrac{2}{3}$

② $\dfrac{7}{6} - \dfrac{5}{6}$

③ $\dfrac{5}{4} - \dfrac{3}{4}$

④ $\dfrac{12}{9} - \dfrac{8}{9}$

⑤ $\dfrac{9}{4} - \dfrac{3}{4}$

⑥ $\dfrac{7}{5} - \dfrac{1}{5}$

⑦ $\dfrac{9}{6} - \dfrac{2}{6}$

⑧ $\dfrac{18}{7} - \dfrac{2}{7}$

⑨ $\dfrac{10}{7} - \dfrac{3}{7}$

⑩ $\dfrac{9}{8} - \dfrac{1}{8}$

2 次の計算をしましょう。

月 日

① $\dfrac{12}{8} - \dfrac{9}{8}$

② $\dfrac{11}{9} - \dfrac{10}{9}$

③ $\dfrac{7}{4} - \dfrac{5}{4}$

④ $\dfrac{5}{3} - \dfrac{4}{3}$

⑤ $\dfrac{8}{3} - \dfrac{4}{3}$

⑥ $\dfrac{19}{7} - \dfrac{8}{7}$

⑦ $\dfrac{13}{5} - \dfrac{6}{5}$

⑧ $\dfrac{13}{4} - \dfrac{7}{4}$

⑨ $\dfrac{14}{6} - \dfrac{8}{6}$

⑩ $\dfrac{15}{4} - \dfrac{7}{4}$

37 帯分数のたし算①

1 次の計算をしましょう。 月 日

① $1\frac{2}{6} + \frac{1}{6}$

② $\frac{3}{5} + 1\frac{1}{5}$

③ $4\frac{3}{9} + \frac{8}{9}$

④ $2\frac{5}{8} + \frac{4}{8}$

⑤ $\frac{2}{8} + 3\frac{7}{8}$

⑥ $\frac{2}{4} + 1\frac{3}{4}$

2 次の計算をしましょう。 月 日

① $3\frac{2}{5} + 2\frac{2}{5}$

② $5\frac{1}{3} + 1\frac{1}{3}$

③ $2\frac{3}{7} + 3\frac{6}{7}$

④ $5 + 2\frac{1}{4}$

⑤ $2\frac{5}{9} + \frac{4}{9}$

⑥ $\frac{8}{10} + 1\frac{2}{10}$

38 帯分数のたし算②

1 次の計算をしましょう。

① $4\dfrac{3}{6}+\dfrac{2}{6}$

② $\dfrac{2}{9}+8\dfrac{4}{9}$

③ $1\dfrac{7}{10}+\dfrac{9}{10}$

④ $2\dfrac{7}{9}+\dfrac{5}{9}$

⑤ $\dfrac{2}{3}+1\dfrac{2}{3}$

⑥ $\dfrac{3}{4}+3\dfrac{3}{4}$

2 次の計算をしましょう。

① $1\dfrac{3}{8}+2\dfrac{4}{8}$

② $2\dfrac{2}{4}+5\dfrac{1}{4}$

③ $4\dfrac{2}{5}+3\dfrac{4}{5}$

④ $3\dfrac{1}{8}+1\dfrac{7}{8}$

⑤ $5\dfrac{4}{7}+\dfrac{3}{7}$

⑥ $\dfrac{2}{6}+3\dfrac{4}{6}$

39 帯分数のひき算①

1 次の計算をしましょう。

月　　日

① $2\dfrac{4}{5} - 1\dfrac{2}{5}$

② $3\dfrac{5}{7} - 1\dfrac{3}{7}$

③ $2\dfrac{5}{6} - \dfrac{1}{6}$

④ $4\dfrac{7}{9} - \dfrac{2}{9}$

⑤ $4\dfrac{3}{5} - 2$

⑥ $5\dfrac{8}{9} - \dfrac{8}{9}$

2 次の計算をしましょう。

月　　日

① $3\dfrac{2}{9} - 2\dfrac{4}{9}$

② $4\dfrac{1}{7} - 2\dfrac{6}{7}$

③ $1\dfrac{1}{3} - \dfrac{2}{3}$

④ $1\dfrac{2}{4} - \dfrac{3}{4}$

⑤ $2\dfrac{3}{8} - \dfrac{7}{8}$

⑥ $2 - \dfrac{3}{5}$

40 帯分数のひき算②

1 次の計算をしましょう。

月　　　日

① $4\dfrac{6}{7} - 2\dfrac{3}{7}$

② $6\dfrac{8}{9} - 3\dfrac{5}{9}$

③ $1\dfrac{2}{3} - \dfrac{1}{3}$

④ $1\dfrac{3}{8} - \dfrac{1}{8}$

⑤ $2\dfrac{2}{6} - 1$

⑥ $3\dfrac{4}{5} - 2\dfrac{4}{5}$

2 次の計算をしましょう。

月　　　日

① $3\dfrac{3}{6} - 2\dfrac{5}{6}$

② $5\dfrac{2}{7} - 2\dfrac{4}{7}$

③ $1\dfrac{7}{10} - \dfrac{9}{10}$

④ $3\dfrac{4}{6} - \dfrac{5}{6}$

⑤ $2\dfrac{1}{4} - \dfrac{2}{4}$

⑥ $2 - 1\dfrac{1}{4}$

答え

1 答えが何十・何百になるわり算

1 ①20 ②10
③80 ④50
⑤90 ⑥30
⑦70 ⑧60
⑨60 ⑩50

2 ①300 ②100
③400 ④900
⑤700 ⑥800
⑦900 ⑧400
⑨700 ⑩600

2 1けたでわるわり算の筆算①

1 ①13 ②23
③10 あまり 3 ④179
⑤168 あまり 3 ⑥208 あまり 3
⑦69 ⑧82 あまり 1

2 ①
```
      12
   6)74
      6
     14
     12
      2
```
②
```
     122
   7)856
     7
     15
     14
      16
      14
       2
```

3 1けたでわるわり算の筆算②

1 ①12 ②43
③20 あまり 2 ④129
⑤132 ⑥109
⑦28 ⑧68 あまり 4

2 ①
```
      18
   4)73
      4
     33
     32
      1
```
②
```
     124
   6)749
     6
     14
     12
      29
      24
       5
```

4 1けたでわるわり算の筆算③

1 ①29 ②31
③20 あまり 2 ④123
⑤108 あまり 2 ⑥18 あまり 2
⑦92 ⑧30 あまり 6

5 1けたでわるわり算の筆算④

2 ①
```
      18
   5)94
      5
     44
     40
      4
```
②
```
     102
   9)918
     9
     18
     18
      0
```

5 1けたでわるわり算の筆算④

1 ①46 ②20
③11 あまり 4 ④101 あまり 8
⑤93 ⑥65 あまり 4
⑦32 ⑧82 あまり 2

2 ①
```
      27
   3)83
      6
     23
     21
      2
```
②
```
      69
   3)207
     18
     27
     27
      0
```

6 1けたでわるわり算の筆算⑤

1 ①12 ②20
③32 あまり 2 ④139
⑤309 ⑥49 あまり 3
⑦41 ⑧30 あまり 3

2 ①
```
      12
   8)99
      8
     19
     16
      3
```
②
```
      99
   7)693
     63
     63
     63
      0
```

7 わり算の暗算

1 ①12 ②31
③11 ④12
⑤18 ⑥12
⑦19 ⑧14
⑨35 ⑩12

2 ①14 ②11
③21 ④42
⑤12 ⑥23
⑦14 ⑧12
⑨15 ⑩16

8　3けたの数をかける筆算①

1 ①77376　②72228
③323832　④361005
⑤591074　⑥8932
⑦154570　⑧215710

2 ①　　　245
　　　×256
　　　1470
　　　1225
　　　490
　　　62720

②　　　609
　　　×705
　　　3045
　　　4263
　　　429345

9　3けたの数をかける筆算②

1 ①99297　②102396
③221534　④792702
⑤55470　⑥12460
⑦305805　⑧284115

2 ①　　　49
　　　×241
　　　49
　　　196
　　　98
　　　11809

②　　　841
　　　×607
　　　5887
　　　5046
　　　510487

10　小数のたし算の筆算①

1 ①3.99　②8.21　③12.05　④14.21
⑤5.31　⑥10.46　⑦8.03　⑧6.9
⑨7　⑩7.532

2 ①　　1.89
　　+0.4
　　2.29

②　　9.24
　　+3
　　12.24

③　　0.309
　　+0.891
　　1.200

④　　13.79
　　+　0.072
　　13.862

11　小数のたし算の筆算②

1 ①6.84　②9.94　③12.79　④17.92
⑤4.31　⑥7.34　⑦6.01　⑧8.6
⑨7　⑩12.751

2 ①　　0.8
　　+3.72
　　4.52

②　　4.25
　　+4
　　8.25

③　　8.051
　　+0.949
　　9.000

④　　1.583
　　+0.76
　　2.343

12　小数のひき算の筆算①

1 ①7.71　②6.69　③3.78　④7.27
⑤0.88　⑥0.09　⑦2.81　⑧2.72
⑨0.098　⑩3.972

2 ①　　1
　　-0.81
　　0.19

②　　3.67
　　-0.6
　　3.07

③　　0.855
　　-0.72
　　0.135

④　　4.23
　　-0.125
　　4.105

13　小数のひき算の筆算②

1 ①2.01　②2.07　③2.77　④1.86
⑤0.88　⑥0.78　⑦6.98　⑧0.46
⑨2.109　⑩0.913

2 ①　　1
　　-0.18
　　0.82

②　　2.91
　　-0.9
　　2.01

③　　4.052
　　-0.93
　　3.122

④　　0.98
　　-0.801
　　0.179

14　何十でわるわり算

1 ①2　②4
③2　④3
⑤3　⑥4
⑦8　⑧9
⑨8　⑩9

2 ①4あまり10　②1あまり40
③1あまり10　④2あまり20
⑤6あまり40　⑥8あまり60
⑦9あまり80　⑧2あまり50
⑨2あまり60　⑩6あまり40

15 2けたでわるわり算の筆算①

1
①3　②3あまり3
③4　④9あまり8
⑤14　⑥22あまり2
⑦30あまり11　⑧167

2
```
①      4        ②      20
  34)139          49)980
     136             98
       3              0
```

16 2けたでわるわり算の筆算②

1
①6　②3あまり5
③7　④7あまり43
⑤37　⑥44あまり7
⑦30あまり4　⑧217あまり25

2
```
①      7        ②      60
  44)310          14)840
     308             84
       2              0
```

17 2けたでわるわり算の筆算③

1
①4　②6あまり8
③8　④3あまり44
⑤36　⑥31あまり9
⑦40あまり6　⑧67あまり10

2
```
①      5        ②      40
  91)460          18)720
     455             72
       5              0
```

18 2けたでわるわり算の筆算④

1
①4　②3あまり10
③8　④8あまり10
⑤11　⑥42あまり11
⑦20あまり43　⑧219あまり38

2
```
①      3        ②      80
  65)200          12)960
     195             96
       5              0
```

19 3けたでわるわり算の筆算

1
①3　②4　③3
④6あまり4　⑤2あまり35　⑥3あまり121

2
```
①         3     ②         6
  309)927          137)931
     927              822
       0              109
```

20 式とその計算の順じょ①

1
①45　②49
③14　④2
⑤23　⑥0
⑦20　⑧7

2
①7　②24
③16　④18

21 式とその計算の順じょ②

1
①29　②45
③28　④24
⑤21　⑥47
⑦39　⑧72

2
①31　②36
③15　④52

22 小数×整数 の筆算①

1
①9.6　②31.5　③67.2　④329.4
⑤124.8　⑥12.6　⑦72　⑧413

2
①4.34　②6.85　③15.19　④50.84
⑤106.92　⑥236.22　⑦29.4　⑧109

23 小数×整数 の筆算②

1
①5.6　②32.4　③30.8　④357.7
⑤235.6　⑥653.6　⑦176　⑧378

2
①13.08　②0.92　③18.13　④26.25
⑤620.84　⑥287.64　⑦9　⑧161.4

24 小数×整数 の筆算③

1
①7.8　②125.6　③75.9　④142.5
⑤144.5　⑥360.4　⑦598　⑧1104

2
①17.46　②0.78　③5.07　④36.48
⑤87.72　⑥158.75　⑦3.6　⑧207.6

25 小数×整数 の筆算④

1
①9.6　②15　③51.6　④100.5
⑤429.2　⑥26.4　⑦615　⑧148

2	①7.83	②21.35	③29.12	④13.49
	⑤93.28	⑥182.16	⑦9.1	⑧229.5

26 小数×整数 の筆算⑤

1	①28.2	②51.2	③71.4	④109.2
	⑤369.8	⑥475.2	⑦551	⑧1096
2	①4.13	②28.8	③31.16	④39.95
	⑤95.81	⑥326.04	⑦11	⑧281

27 小数÷整数の 筆算①

1	①1.2	②7.9	③0.75	④0.29
	⑤6.1	⑥0.2	⑦0.9	⑧0.02

2 ①24 あまり 1.2　②5 あまり 3.6
③3 あまり 10.4

28 小数÷整数の 筆算②

1	①1.7	②9.9	③0.13	④0.051
	⑤2.3	⑥0.4	⑦0.3	⑧0.06

2 ①12 あまり 1.6　②9 あまり 1.5
③2 あまり 2.3

29 小数÷整数の 筆算③

1	①3.2	②6.7	③0.62	④0.36
	⑤2.2	⑥0.3	⑦0.8	⑧0.03

2 ①22 あまり 3.1　②3 あまり 1.5
③1 あまり 39.2

30 小数÷整数の 筆算④

1	①1.3	②2.7	③0.89	④0.057
	⑤1.3	⑥0.4	⑦0.6	⑧0.06

2 ①11 あまり 1.2　②5 あまり 2.7
③2 あまり 6.4

31 わり進むわり算の筆算①

1	①0.76	②7.5	③1.55
2	①0.575	②0.075	③0.375

32 わり進むわり算の筆算②

1	①0.45	②7.5	③1.25
2	①0.875	②1.192	③0.25

33 商をがい数で表すわり算の筆算①

1	①2.1	②3.3	③5.5
2	①7.14	②1.68	③3.75

34 商をがい数で表すわり算の筆算②

1	①1	②8	③3
2	①2.3	②2.9	③2.6

35 仮分数の出てくる分数のたし算

1
① $\frac{6}{5}\left(1\frac{1}{5}\right)$ ② $\frac{5}{4}\left(1\frac{1}{4}\right)$
③ $\frac{8}{7}\left(1\frac{1}{7}\right)$ ④ $\frac{7}{5}\left(1\frac{2}{5}\right)$
⑤ $\frac{14}{9}\left(1\frac{5}{9}\right)$ ⑥ $\frac{7}{3}\left(2\frac{1}{3}\right)$
⑦ $\frac{11}{5}\left(2\frac{1}{5}\right)$ ⑧ $\frac{18}{8}\left(2\frac{2}{8}\right)$
⑨ $2\left(\frac{12}{6}\right)$ ⑩ $3\left(\frac{15}{5}\right)$

2
① $\frac{7}{6}\left(1\frac{1}{6}\right)$ ② $\frac{8}{7}\left(1\frac{1}{7}\right)$
③ $\frac{11}{9}\left(1\frac{2}{9}\right)$ ④ $\frac{13}{8}\left(1\frac{5}{8}\right)$
⑤ $\frac{6}{4}\left(1\frac{2}{4}\right)$ ⑥ $\frac{13}{5}\left(2\frac{3}{5}\right)$
⑦ $\frac{13}{4}\left(3\frac{1}{4}\right)$ ⑧ $\frac{11}{3}\left(3\frac{2}{3}\right)$
⑨ $2\left(\frac{16}{8}\right)$ ⑩ $5\left(\frac{10}{2}\right)$

36 仮分数の出てくる分数のひき算

1
① $\frac{2}{3}$ ② $\frac{2}{6}$
③ $\frac{2}{4}$ ④ $\frac{4}{9}$
⑤ $\frac{6}{4}\left(1\frac{2}{4}\right)$ ⑥ $\frac{6}{5}\left(1\frac{1}{5}\right)$
⑦ $\frac{7}{6}\left(1\frac{1}{6}\right)$ ⑧ $\frac{16}{7}\left(2\frac{2}{7}\right)$
⑨ $1\left(\frac{7}{7}\right)$ ⑩ $1\left(\frac{8}{8}\right)$

2 ① $\dfrac{3}{8}$　　②$\dfrac{1}{9}$

③$\dfrac{2}{4}$　　④$\dfrac{1}{3}$

⑤$\dfrac{4}{3}\left(1\dfrac{1}{3}\right)$　　⑥$\dfrac{11}{7}\left(1\dfrac{4}{7}\right)$

⑦$\dfrac{7}{5}\left(1\dfrac{2}{5}\right)$　　⑧$\dfrac{6}{4}\left(1\dfrac{2}{4}\right)$

⑨$1\left(\dfrac{6}{6}\right)$　　⑩$2\left(\dfrac{8}{4}\right)$

37　帯分数のたし算①

1 ① $\dfrac{9}{6}\left(1\dfrac{3}{6}\right)$　　②$\dfrac{9}{5}\left(1\dfrac{4}{5}\right)$

③$\dfrac{47}{9}\left(5\dfrac{2}{9}\right)$　　④$\dfrac{25}{8}\left(3\dfrac{1}{8}\right)$

⑤$\dfrac{33}{8}\left(4\dfrac{1}{8}\right)$　　⑥$\dfrac{9}{4}\left(2\dfrac{1}{4}\right)$

2 ① $\dfrac{29}{5}\left(5\dfrac{4}{5}\right)$　　②$\dfrac{20}{3}\left(6\dfrac{2}{3}\right)$

③$\dfrac{44}{7}\left(6\dfrac{2}{7}\right)$　　④$\dfrac{29}{4}\left(7\dfrac{1}{4}\right)$

⑤$3\left(\dfrac{27}{9}\right)$　　⑥$2\left(\dfrac{20}{10}\right)$

38　帯分数のたし算②

1 ① $\dfrac{29}{6}\left(4\dfrac{5}{6}\right)$　　②$\dfrac{78}{9}\left(8\dfrac{6}{9}\right)$

③$\dfrac{26}{10}\left(2\dfrac{6}{10}\right)$　　④$\dfrac{30}{9}\left(3\dfrac{3}{9}\right)$

⑤$\dfrac{7}{3}\left(2\dfrac{1}{3}\right)$　　⑥$\dfrac{18}{4}\left(4\dfrac{2}{4}\right)$

2 ① $\dfrac{31}{8}\left(3\dfrac{7}{8}\right)$　　②$\dfrac{31}{4}\left(7\dfrac{3}{4}\right)$

③$\dfrac{41}{5}\left(8\dfrac{1}{5}\right)$　　④$5\left(\dfrac{40}{8}\right)$

⑤$6\left(\dfrac{42}{7}\right)$　　⑥$4\left(\dfrac{24}{6}\right)$

39　帯分数のひき算①

1 ① $\dfrac{7}{5}\left(1\dfrac{2}{5}\right)$　　②$\dfrac{16}{7}\left(2\dfrac{2}{7}\right)$

③$\dfrac{16}{6}\left(2\dfrac{4}{6}\right)$　　④$\dfrac{41}{9}\left(4\dfrac{5}{9}\right)$

⑤$\dfrac{13}{5}\left(2\dfrac{3}{5}\right)$　　⑥$5\left(\dfrac{45}{9}\right)$

2 ① $\dfrac{7}{9}$　　②$\dfrac{9}{7}\left(1\dfrac{2}{7}\right)$

③$\dfrac{2}{3}$　　④$\dfrac{3}{4}$

⑤$\dfrac{12}{8}\left(1\dfrac{4}{8}\right)$　　⑥$\dfrac{7}{5}\left(1\dfrac{2}{5}\right)$

40　帯分数のひき算②

1 ① $\dfrac{17}{7}\left(2\dfrac{3}{7}\right)$　　②$\dfrac{30}{9}\left(3\dfrac{3}{9}\right)$

③$\dfrac{4}{3}\left(1\dfrac{1}{3}\right)$　　④$\dfrac{10}{8}\left(1\dfrac{2}{8}\right)$

⑤$\dfrac{8}{6}\left(1\dfrac{2}{6}\right)$　　⑥$1\left(\dfrac{5}{5}\right)$

2 ① $\dfrac{4}{6}$　　②$\dfrac{19}{7}\left(2\dfrac{5}{7}\right)$

③$\dfrac{8}{10}$　　④$\dfrac{17}{6}\left(2\dfrac{5}{6}\right)$

⑤$\dfrac{7}{4}\left(1\dfrac{3}{4}\right)$　　⑥$\dfrac{3}{4}$